总主编　褚君浩

算法 无处不在的

上海市2025年度创新生态建设计划"科普与科技传播"项目
（项目编号：25DZ2303400）

上海科普教育发展基金会2025年度科普公益项目
（项目编号：A202504）

徐清扬　著

The Algorithmic World

上海教育出版社
SHANGHAI EDUCATIONAL
PUBLISHING HOUSE

丛书编委会

主　任　褚君浩

副主任　范蔚文　张文宏

总策划　刘　芳　张安庆

主创团队（以姓氏笔画为序）

王张华　王晓萍　王新宇　龙　华　白宏伟　朱东来

刘菲桐　李桂琴　吴瑞龙　汪　诘　汪东旭　张文宏

茅华荣　徐清扬　黄　翔　崔　猛　鲁　婧　褚君浩

编辑团队

严　岷　刘　芳　公雯雯　周琛溢　荼文琼　袁　玲

章琢之　陆　弦　周　吉

总序

科学就是力量，推动经济社会发展。

从小学习科学知识、掌握科学方法、培养科学精神，将主导青少年一生的发展。

生命、物质、能量、信息、天地、海洋、宇宙，大自然的奥秘绚丽多彩。

人类社会经历了从机械化、电气化、信息化到当今的智能化时代。

科学技术、社会经济在蓬勃发展，时代在向你召唤，你准备好了吗？

"科学起跑线"丛书将引领你在科技的海洋中遨游，去欣赏宇宙之壮美，去感悟自然之规律，去体验技术之强大，从而开发你的聪明才智，激发你的创新动力！

这里要强调的是，在成长的过程中，你不仅要得到金子、得到知识，还要拥有点石成金的手指以及金子般的心灵，也就是要培养一种方法、一种精神。对青少年来说，要培养科技创新素养，我认为这四个词非常重要——勤奋、好奇、渐进、远志。勤奋就是要刻苦踏实，好奇就是要热爱科学、寻根究底，渐进就是要循序渐进、积累创新，远志就是要树立远大的志向。总之，青少年要培育飞翔的潜能，而培育飞翔的潜能有一个秘诀，那就是练就健康体魄、汲取外界养料、凝聚驱动力量、修炼内在素质、融入时代潮流。

本丛书正是以培养青少年的科技创新素养为宗旨，涵盖了生命起源、物质世界、宇宙起源、人工智能应用、机器人、无人驾驶、智能制造、航海科学、宇宙科学、人类与传染病、生命与健康等丰富的内容。让读者通过透视日常生活所见、天地自然现象、前沿科学技术，掌握科学知识，激发探究科学的兴趣，培育科学观念和科学精神，形成科学思维的习惯；从小认识到世界是物质的、物质是运动的、事物是发展的、运动和发展的规律是可以掌握的、掌握的规律是可以为人类服务的，以及人类将不断地从必然王国向自由王国发展，实现稳步的可持续发展。

本丛书在科普中育人，通过介绍现代科学技术知识和科学家故事等内容，传播科学精神、科学方法、科学思想；在展现科学发现与技术发明成果的同时，展现这一过程中的曲折、争论；通过提出一些问题和设置动手操作环节，激发读者的好奇心，培养他们的实践能力。本丛书在编写上，充分考虑青少年的认知特点与阅读需求，保证科学的学习梯度；在语言上，尽量简洁流畅、生动活泼，力求做到科学性、知识性、趣味性、教育性相统一。

本丛书既可作为中小学生课外科普读物，也可为相关学科教师提供教学素材，更可以为所有感兴趣的读者提供科普精神食粮。

"科学起跑线"丛书将带领你奔向科学的殿堂，奔向美好的未来！

褚君浩

中国科学院院士

2020 年 7 月

目录

揭秘算法

算法无处不在

你将了解：

算法的基本原理

整理扑克牌与排序算法

挑选西瓜与决策树算法

算法是什么

你知道吗？"算法"的英文单词 algorithm，源于 9 世纪的波斯数学家穆罕默德·伊本·穆萨·花拉子密（Muhammad ibn Musa al-Khwarizmi）的名字。花拉子密在其著作中系统地介绍了印度与阿拉伯的数学系统与算术，这些著作后来被翻译成拉丁文，在欧洲影响深远。algorithm 即拉丁语中对"花拉子密"的转写，这个词的演变过程生动展现了古代亚欧地区不同文明之间的交流与碰撞。

在日常生活中，我们每天都会问各种各样的问题：今天天气怎么样？这杯水是热的吗？这颗糖是不是水果味的？这些简单的问题都可以通过观测（查看天气、触摸水杯、品尝糖果）直接得到答案。

然而，还有许多复杂的问题是我们无法通过观察直接得到答案的。例如，当医生遇到一位新病人时，如何知道这位病人究竟得了什么病？当你和朋友下棋时，如何决定下一步棋怎么走？当你在水果店挑选西瓜时，如何选出最甜的西瓜？

花拉子密（公元 780～850 年）

以上问题都需要我们先获取一些数据，并对数据进行计算和推理，最后才能得到答案。例如，医生在治疗病人时，需要先对病人进行医学检查，拿到检查结果（数据）后才能做出诊断。医生检查、诊断病人的过程就是一种算法。当我们下棋时，会在脑海中模拟棋局不同的可能性，并判断哪种方法最有可能获胜，这也是一种算法。当我们挑选西瓜时，会根据西瓜的某些特点（如颜色、大小、质地）来判断西瓜的成熟度和口味，这同样是一种算法。

日常生活中的算法案例：挑选西瓜、医生看病、下棋

算法的基本原理

通过上面的例子，我们了解到算法本身并不是某一个问题的答案，而是解决某一类问题的通用方法和步骤。对于同一类型的不同问题，根据已知算法的步骤进行计算，我们最终都能得到正确答案。

问题 ➔ 数据 ➔ 算法 ➔ 答案

我们为何需要算法？人们常说："授人以鱼，不如授人以渔。"如果说某一个问题的答案是"鱼"，那么解决这个问题的方法（即算法）就是"渔"。掌握了一种算法后，我们不仅可以解决某一个问题（$12 \times 98 = ?$），还能解决同一类型的所有问题（任意两个整数如何相乘）。我们既可以靠自己的头脑解决问题，又能让计算机按照算法规则更快地解决复杂的问题（在一秒内完成两个长达一亿位的整数乘法运算），由此极大提升解决问题的效率。

生活中的算法

　　我们生活在一个由形形色色的算法驱动的时代：从电子支付时用的加密算法，到医疗诊断时用的决策树算法；从自动驾驶、ChatGPT 中使用的人工智能与深度学习算法，到未来的量子计算机和量子算法。这些例子虽然听上去十分专业、高深，但本质上和看病、下棋、挑选西瓜时用到的算法思想是共通的。我们将从最简单的例子入手，带你一步步了解这些"高深"算法背后的基本原理。你会发现，那些驱动着时代的技术突破，其实都源于我们最熟悉的思考方式。

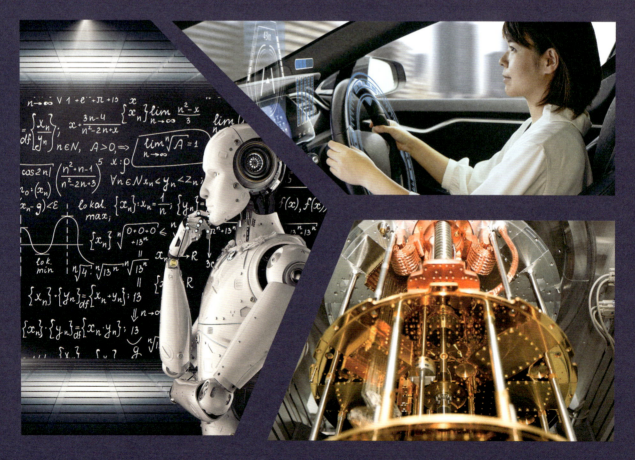

科技前沿的算法案例：人工智能、自动驾驶、量子计算

语言模型：从 ChatGPT 到 DeepSeek

2022 年 11 月，OpenAI 发布智能对话应用软件 ChatGPT，该软件一经推出便引发广泛关注。不同于以往只能完成某一项任务的人工智能模型，ChatGPT 可以与用户自由对话，并解决不同领域的问题（查询信息、绘制图片、修改文章、解决数学题等），这标志着人类距离创造通用人工智能又近了一大步。

ChatGPT 的横空出世引发了大语言模型的研发热潮，除了美国硅谷的企业（如谷歌、Meta），中国企业（如华为、百度、科大讯飞）也相继推出了自主研发的大语言模型。这些模型图在中文对话方面表现出色，并被广泛应用于自动翻译、医疗诊断、学习辅导等域领。2025 年春节前夕，一款由中国企业深度求索（DeepSeek）自主研发的大语言模型问世，该模型仅以不足行业头部产品十分之一的训练成本，就取得了比 OpenAI 同时期模型更优的推理效果。值得一提的是，该模型完全开源，标志着中国科技企业实现了从追赶、模仿海外先进技术到创新引领的历史性跨越。

DeepSeek

在本书第三章，我们将进一步学习 ChatGPT 背后的深度学习算法。

下面让我们通过两个生活中的例子，来学习两种简单、实用又有趣的算法！

整理扑克牌与排序算法

在扑克牌游戏中，每当发牌结束，我们通常会将自己拿到的扑克牌整理成由小到大的顺序，方便接下来出牌。你通常会用什么方法整理扑克牌的顺序？

假设我们手里有四张牌，数字从左到右分别是 6、4、3、5（花色不限，如下图），任务是把它们整理成由小到大的顺序。下面我们来介绍三种不同的方法，由于它们都能帮助我们整理顺序，因此也被称为排序算法。

方法一：整体排序法

初始状态：牌的顺序（从左到右）依次为6、4、3、5。

第一步：找到四张牌里数值最小的3，放到所有牌的最左边，剩下的三张牌为6、4、5（用红线隔开）。

第二步：找到剩下三张牌里数值最小的4，放到3的右边，剩下的两张牌为6、5（用红线隔开）。

第三步：找到剩下两张牌里数值最小的5，放到4的右边，剩下的一张牌为6（用红线隔开）。

第四步：将剩下的一张牌（6）放到其他牌的右边，顺序就排列好了。

方法二：局部排序法

初始状态：牌的顺序（从左到右）依次为6、4、3、5。

第一步：比较左边第一张牌（6）和第二张牌（4），由于6大于4，我们交换这两张牌的位置，剩下的两张牌为3、5（用红线隔开）。

第二步：比较左边第三张牌（3）和前两张牌（4、6），由于3小于4，于是我们把3放在4、6的前面，剩下的一张牌为5（用红线隔开）。

第三步：比较最右边第四张牌（5）和前三张牌（3、4、6），把5放在4与6之间，顺序就排列好了。

方法三：随机洗牌法

初始状态：牌的顺序（从左到右）依次为6、4、3、5。

排序方法：随机洗牌，如果洗牌后的顺序恰好是3、4、5、6则停止，否则就继续洗牌，并不断重复。

运气好的话，或许只需要洗一次牌就可以了！

运气不好的话，或许要洗10次、100次（甚至更多）才能得到正确的顺序……

无处不在的算法

方法一（整体排序法）和方法二（局部排序法）孰优孰劣？答案恐怕因人而异。如果你是一个急性子，想在发牌的过程中就开始整理手里的牌，你应该用局部排序法，而非整体排序法（想想为什么）。反之，如果你是一个慢性子，这两种方法或许都是不错的选择。另外，你知道在什么情况下整体排序法会优于局部排序法吗？

以上例子虽然简单，却揭示了一个重要的原理，即解决同一个问题可以用完全不同的算法，而不同算法之间通常各有利弊，需要我们根据实际情况进行选择。

让我们回到以上三种排序算法，想一想：如果你需要整理100张扑克牌，使用哪一种方法更简便呢？或许你会先排除第三种，因为通过随机洗牌得到正确顺序的可能性实在太小了，即使重复洗牌成千上万次，也未必能得到正确顺序。

没错，这个想法完全正确！然而，在解决一些更为复杂的问题时（如密码破译），使用一些类似于洗牌的随机算法往往能收获奇效，极大地提高算法找到正确答案的速度和可能性。我们将在本书第四章进一步学习各种奇妙的随机算法。

挑选西瓜与决策树算法

假设你正在超市里挑选西瓜，西瓜分为两种，一种是甜的好瓜，另一种是不甜的坏瓜，你在购买前不能试吃任何西瓜。好朋友告诉你挑选西瓜有以下诀窍（如右图所示）：

挑选西瓜的决策树算法

先观察西瓜的纹理，如果纹理模糊，则一定是坏瓜。

如果纹理稍糊，则需要触摸西瓜。如果触感硬滑，则是好瓜；反之，如果触感软黏，则一定是坏瓜。

如果纹理清晰，则需要观察西瓜的瓜蒂。如果瓜蒂蜷缩，则是好瓜；如果瓜蒂硬挺，则是坏瓜；如果瓜蒂稍蜷，则需要观察西瓜的色泽……（看到这里，想必你已经知道接下来该如何继续挑选了！）

当我们挑选西瓜时，总会从最上面的条件（纹理）开始，判断该条件是否满足。有时可以直接得出结论（纹理模糊，是坏瓜），有时则需要对下一个条件进行判断（纹理稍糊，需要触摸）。更形象地说，我们不妨把决策的过程想象成一棵倒着生长的树（树根在上，树叶在下），每一次条件判断相当于分叉的树枝，最终的结论（好瓜或坏瓜）相当于树叶。我们的算法就是从树根开始（纹理），沿着树杈一步步走到树叶（好瓜或坏瓜）后停下。因此，这种算法也被形象地称为决策树算法（decision tree algorithm）。

想一想

假设你面前有两只西瓜，请问你会根据算法挑选哪一只呢？

纹理清晰，瓜蒂稍蜷，色泽翠绿浅白   纹理稍糊，触感软黏，色泽乌黑

在日常生活中，许多重要的决策过程其实都用到了几乎相同的算法，如医生诊断病人时的思考过程。下图是我国医院普遍使用的急性胸痛诊断流程图，虽然看上去很复杂，但本质上和挑选西瓜的算法是一样的。

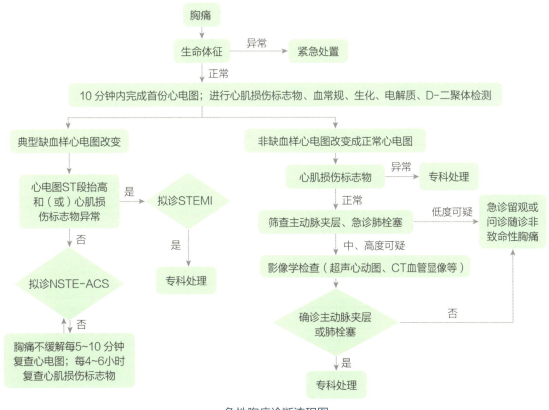

急性胸痛诊断流程图

 想一想

我们的生活中，从简单的日常决策，如选择最短的路线去学校或单位，到复杂的金融交易、物流配送，甚至是社交媒体的信息推送，都离不开算法的支持。它帮助我们优化时间，提高效率，做出更明智的选择，甚至在不经意间影响着我们的生活轨迹。那么，生活中还有哪些算法的例子呢？它们如何改变我们的生活，又给我们带来了哪些便利和挑战呢？

9

算法是计算的诗歌

你将了解：

什么是好的算法

什么是算法的复杂度

算法世界的终极未解之谜

什么是好的算法

美国算法学家弗朗西斯·沙利文（Francis Sullivan）认为，"一个精巧绝伦的算法如同一首计算的诗歌"（great algorithms are the poetry of computation），这真是一个绝妙的比喻！一首优美的诗歌往往用最简洁、凝练的语言表达最微妙、复杂的思想情感，同时又兼具音乐的韵律美感，朗朗上口，百读不厌。类似地，一个精巧绝伦的算法往往用最巧妙、简便的运算过程解决最困难的计算问题，同时算法中的设计巧思也会让人在解开一个谜题时产生豁然开朗的愉悦感。

不仅如此，当我们深入学习算法后，会发现算法和诗歌之间还有更多相似之处：

诗歌	算法
简洁凝练的语言	最快的计算速度
依照诗歌格律创作	依照编程语法编写
字斟句酌，反复修改	不断优化程序设计
表达深邃复杂的思想	解决困难的计算问题
音乐般的韵律美感	巧解难题的思想之美
可翻译为各种语言	以不同的编程语言实现
让不同时期、地域、文化的读者形成共鸣	解决不同生活应用场景中的问题

乍看之下，以上列举的相似之处或许稍显抽象。不过，相信你在读完本书后会有更深的体会。在这些相似之处中，第一条"最快的计算速度"是最容易被量化的，也是被算法学家孜孜以求的。接下就让我们学习如何通过算法的"复杂度"（complexity）来衡量算法的计算速度，进而设计出最优化的算法。

算法的复杂度：整理扑克牌

让我们回到上一节介绍的整理扑克牌的算法。假设我们需要整理四张扑克牌，分别是 6、4、3、5。如果我们使用整体排序法，第一轮中需要找出四张牌中最小的那张（3）并将其取出，第二轮中找出剩余三张牌中最小的那张（4），第三轮找出剩余两张牌中最小的那张（5），到第四轮则只剩下最后一张牌（6），由此便完成了四张扑克牌的排序。

由于每一轮中我们都需要进行若干次比较再选出剩余牌中最小的牌，因此排序算法复杂度也可以用自始至终进行的比较次数来表示。换言之，如果每次比较两张扑克牌需要 1 秒钟，算法的复杂度也可以认为是我们运行算法所需的总时长。时间越长，算法的复杂度越高。

在以上的例子里，排序四张扑克牌的算法的总时长为

4（第一轮）+3（第二轮）+2（第三轮）+1（第四轮）=10 秒

在本章开始我们提到，算法是解决某一类型问题的通用方法。同样，当我们分析算法的复杂度时，通常不会着眼于某个具体问题（如上面整理 6、4、3、5 四张扑克牌的复杂度），而是会考虑这一类问题的所有情况（如整理任意张扑克牌的复杂度）。这就需要我们假设整理 n 张扑克牌，

无处不在的算法

如果我们使用同样的整体排序法整理 6 张扑克牌，需要进行几次比较呢？如果需要整理 10 张牌呢？你有没有发现其中的数字规律？

那么算法的复杂度可以表示为一个等差数列之和，这个数列的首项为 1，尾项为 n，项数同样为 n。根据等差数列的求和公式，我们不难得到算法的复杂度为：

$$n（第一轮）+ n-1（第二轮）+ \cdots + 2（第 n-1 轮）+1（第 n 轮）= n \times（n + 1）\div 2$$

通过上面的分析，我们知道整理 n 张扑克牌的复杂度为 $n \times（n + 1）\div 2$。当我们代入 $n = 4$ 时，就能得到整理 4 张扑克牌的复杂度为 $4 \times（4 + 1）\div 2 = 10$，与上面的结果相同。

如果我们使用局部排序法，其复杂度又是多少呢？在实际生活中，你会选择整体排序法还是局部排序法？

整体排序法虽然简单易懂，但并不是已知最快的排序算法（甚至可以说它是一种比较慢的算法）。目前广泛使用的快速排序法的复杂度是 $n \log n$（为方便起见，我们选取以 10 为底数的对数）。下表整理了整体排序法与快速排序法的复杂度对比：

待整理的扑克牌数量	整体排序法 $n \times（n + 1）\div 2$	快速排序法 $n \log n$
10	55	10
100	5050	200
1000	500500	3000
10000	50005000	40000
100000	5000050000	500000

可以看出，当我们需要整理 10 张扑克牌时，整体排序法所需的时间是快速排序法的 5.5 倍。当我们需要整理 10 万张扑克牌时（或者对 10 万个学生的考试成绩进行排序），整体排序法所需的时间是快速排序法的 1 万倍。也就是说，快速排序法 1 秒内完成的计算，整体排序法需要 1 万秒（约 2 小时 47 分钟）才能完成。因此，在实际生活中处理大量数据时，我们自然不会选择使用整体排序法，而是选择速度更快的快速排序法。

 想一想

请为以下问题设计尽可能简单的算法，并思考算法的复杂度：

1. 找出 n 个数中的最大值；
2. 计算 n 个数的平均值；

3. 找出 n 个数中出现次数最多的数值（即众数）；

4. 两个长度为 n 的正整数相加；

5. 两个长度为 n 的正整数相乘；

6. 将 n 个数分成三组（可以不均分），使每组内数字之和都相等。

算法皇冠上的明珠：P/NP 问题

生活中我们通常有这样的经历：当你试图解决一道难题（如左下图的数独问题），往往需要花很长时间尝试不同的方法，从失败的经验中寻找解题思路，最终找到问题的答案。而此时如果有一位朋友告诉你他找到了问题的答案（如右下图所示），你很快就能验证他的答案是否正确。

换言之，在我们的经验中，验证一个困难问题的答案似乎总比解决这个问题容易得多。

然而，事实果真如此吗？

5	3			7				
6			1	9	5			
	9	8					6	
8				6				3
4			8		3			1
7				2				6
	6					2	8	
			4	1	9			5
				8			7	9

5	3	4	6	7	8	9	1	2
6	7	2	1	9	5	3	4	8
1	9	8	3	4	2	5	6	7
8	5	9	7	6	1	4	2	3
4	2	6	8	5	3	7	9	1
7	1	3	9	2	4	8	5	6
9	6	1	5	3	7	2	8	4
2	8	7	4	1	9	6	3	5
3	4	5	2	8	6	1	7	9

要想回答这个问题，就要先清楚地定义什么问题是"容易"的，什么问题是"困难"的。这就需要应用上面介绍的算法复杂度。在算法学家看来，假设算法输入值的数据量为 n，如果算法的复杂度可以表示为 n 的多项式（polynomial），我们就将解决此类问题称为"多项式时间内解决的问题"（polynomial time problems），简称为 P 类问题。一般认为，P 类问题是容易解决的。

以上面介绍的整体排序法为例，当我们需要整理 n 张扑克牌时，算法的复杂度为 $n \times (n+1)/2$，正是数据量 n 的一个多项式。因此，根据上面的定义，我们将其归类为 P 类问题，并认为它是容易解决的。

接下来让我们思考下面这个或许更为困难的问题。

无处不在的算法

想一想

如何将下面的 10 个数字划分成三组，使每组内数字之和都相等？

12、3、8、6、1、10、3、4、2、1

你还能想出更难的此类问题，来考一考身边的同学吗？

更普遍地说，如何将 n 个数划分成 k 组（每组中数字的数量可以不同），并使每组内数字之和都相等呢？你也许会觉得这是一个很难解决的问题，而事实也恰恰如此。截至目前，算法学家尚未找到一个能在多项式时间内解决该问题的算法。

然而，此时如果你的朋友告诉你这个问题的答案，你会发现很容易验证这个答案的正确性，因为只需将答案中的每组数相加，就能验证每组数的和是否相等。同理，验证一道数独解答是否正确，或者验证一个数学方程的解，或者验证一个很大的整数是否是另外两个很大的整数的乘积，似乎也比找到答案容易得多。算法学家将这种能在多项式时间内快速验证答案的问题（如数独）简称为 NP 类问题。一般认为，NP 类问题是不容易解决的。

算法问题	定义	难易程度
P 类问题	可以用多项式时间复杂度的算法解决	通常容易解决
NP 类问题	可以用多项式时间复杂度的算法验证	通常很难解决

下面我们来到最关键的问题：对于任何一个 NP 类问题，我们是否能找到一个复杂度为多项式时间的算法来快速解决它？换言之，任何一个 NP 类问题是否同时也是 P 类问题（即 P=NP）？更直白地说，如果可以很快验证一个问题的答案的正确性，是否意味着这个问题本身就是一个很容易解决的问题？

你也许认为这绝对不可能。从上面的例子可以看出，日常生活中许多困难的问题（如数学题、数独、拼图），验证其答案的正确性要比解决问题容易得多。然而，算法学家们经过半个多世纪的不懈努力，却仍然无法通过严格的逻辑推导来证明这个看似显而易见的结论。更有趣的是，对于任何已知的 NP 类问题（如数独、分解质因数），算法学家既无法找到任何多项式时间复杂度的快速算法，也无法严格地证明这样的算法不存在。

虽然没有切实的证据，但算法学家目前普遍的共识依然是 P ≠ NP。算法学家斯科特·亚伦森（Scott Aaronson）认为，如果 P=NP，这意味着人类的创造性从根本上被否定了，因为 P=NP 将使任何能够欣赏交响乐的人都成为作曲家莫扎特，任何能够理解逻辑推演的人都成为数学家高斯，任何能够计算股票涨跌幅度的人都成为投资人沃伦·巴菲特。问题是，人类创造性的价值是否本身便被高估，甚至可能在未来被人工智能取代呢？

无论如何，P/NP 问题如同算法皇冠上一颗闪耀着奇异光芒的明珠。其特别之处在于既代表了人类智慧的最高结晶之一，又在时刻提醒我们人类对算法的许多基本直觉与经验可能存在根本性的缺陷，因此必须时刻保持谨慎与谦卑。

正在阅读本书的同学，你认为，P 是否等于 NP 呢？让我们带着这个有趣而困难的问题踏上算法学习之旅。

P/NP 问题趣史

正如黎曼猜想之于数学，P/NP 问题无疑是目前算法研究中最重要且悬而未决的"终极问题"之一。P/NP 问题的雏形最早见于 1956 年哥德尔写给冯·诺依曼的信中。1971 年，算法学家库克（Stephen Cook）正式提出 P/NP 问题，并于 1982 年获得图灵奖。2000 年，美国克雷数学研究所将 P/NP 问题列为千禧年七大数学难题之一，并设立 100 万美元奖金以表彰首位解决此问题的算法学家，可见此问题的重要性与难度之大。

算法学家库克

尽管 P/NP 问题的"谜面"并不复杂，甚至可以被算法初学者所理解，但算法学家们历经 50 多年的持续努力，依然没有看到接近"谜底"的曙光。对 P/NP 问题的历史感兴趣的读者，推荐阅读兰斯·福特诺（Lance Fortnow）著，杨帆译，《可能与不可能的边界：P/NP 问题趣史》（2014 年）。

算法也有极限

你将了解：

理发师悖论与停机问题

天气预报与蝴蝶效应

算法的可能与不可能

在前面两节中，我们了解到现代生活中充满各式各样的算法，有些算法的运算速度很快，有些则比较慢。你或许会问：难道还有什么问题是无法通过算法解决的吗？

答案是肯定的。1937年，两位数学家阿隆佐·邱奇（Alonzo Church）和艾伦·图灵（Alan Turing）就通过抽象的数学推理，发现了一类永远无法用算法解决的问题，即"理发师悖论"。换言之，早在第一台电子计算机诞生前，算法学家就通过严格的逻辑证明存在某些算法无法解决的问题，由此发现了算法能力的极限。

在本章第一节，我们使用算法解决了两类简单问题：整理扑克牌（排序）与挑选西瓜（决策树）。本节中，我们将介绍两类无法用算法解决的问题（理发师悖论、预测天气）。在此基础上，我们可以将人类试图解决的所有问题分为三类，如右图所示。

算法无法解决的问题
（理发师悖论、预测天气）

算法研究的前沿
（人工智能、量子算法）

算法可以解决的问题
（整理扑克牌、挑选西瓜）

从算法视角看人类试图解决的三类问题

理发师悖论与停机问题

在所有问题中，有些可以用算法解决（图中黄色区域），有些则不能（蓝色区域）。因此，算法研究的前沿就是在探索"可能"与"不可能"之间的灰色区域，通过不断创造新的算法技术，研究哪些问题可以用最新的算法解决。例如，基于神经网络的人工智能算法是否能用于高效又安全的自动驾驶，或者战胜顶尖的围棋高手（见第三章）？可以说，算法研究的前沿代表人类当前科学技术的极限。

让我们回到最初的话题——既然我们正不断创造新的更强大的算法，为何还会有问题永远无法用算法解决呢？我们又该如何证明这些问题无法用算法解决？

想要解答这个疑问，我们需要穿越回 20 世纪初的一场数学危机——理发师悖论。

镇子里住着一位理发师，他有一个独特的工作原则：他只为从不自己理发的人理发，并且为镇子里所有这样的人理发。一天，一位好奇的顾客忍不住问他："理发师先生，你会不会给自己理发呢？"

想一想：如果你是理发师，你应该回答"是"还是"不是"？

如果理发师回答"是"，那意味着他给自己理发，但这违背了他"只为从不自己理发的人理发"的原则。

如果理发师回答"不是"，那意味着他不给自己理发，但他的工作原则却要求他必须为自己理发，他同样不能回答"不是"，因而陷入了两难的悖论。

那理发师应该如何回答呢？其实，正确的回答是"这个问题没有答案"。或者换一种更严谨的说法，"理发师是否为自己理发"这个问题可以用合理的逻辑提出，但无法用合理的逻辑解答，当然也不能用任何算法找到答案。

 **想一想**

除了理发师悖论，现实生活中有很多问题都有异曲同工之妙。例如：

无处不在的算法

1. 小明说"我说的这句话是一个谎言",那他究竟有没有说谎?

2. 有一条法律规定"本条法律是无效的",那这条法律是否有效?

你还能想出与理发师悖论类似的例子吗?这些例子有什么共同点?

提示:如果你学过高中的集合论知识,会发现罗素悖论可以写成一种更简洁的形式:定义集合 $A = \{x \mid x \notin x\}$,那么 $A \in A \Leftrightarrow A \notin A$

理发师悖论看似浅显,却创造性地提出了"自指性逻辑"(例如,一条法律规定"本条法律是无效的",即法律的内容与法律本身有关),动摇了当时基于集合论公理而建立的数学大厦的根基,导致"第三次数学危机"。这迫使数学家们重新审视并修正集合论公理,避免"自指性逻辑"所带来的悖论,从而孕育出现代数理逻辑体系。

理发师悖论对算法的发展同样产生了深远影响。在此基础上,数学家邱奇与图灵于 1936 年提出了著名的停机问题,并证明了这个问题无法用任何算法解决。

下面让我们沿着邱奇与图灵的思路,证明停机问题无法用任何算法解决。

让我们先假设存在一种通用算法可以解决停机问题,将其称为算法 A。需要注意的是,A 只不过是一段有限的计算机程序(即代码),它的输入值是任意一段计算机程序 B,输出值则是它对 B 运行时间的判断结果:"有限"或"无限"。

接下来让我们构造一种特殊算法(称为 X),它是这样定义的:

如果算法 A 判定算法 X 的计算时间是有限的,则进入无限循环;

反之,如果算法 A 判定算法 X 的计算时间是无限的,则停止运行算法 X。

最后让我们用算法 A 判断算法 X 是否在有限的时间内停止运行,需要考虑以下两种情况:

如果算法 A 判定算法 X 的计算时间是有限的,这符合算法 X 定义的第一个条件,而算法 X 将进入无限循环。因此,算法 A 的判定结果不可能是"有限"。

反之,如果算法 A 判定算法 X 的计算时间是无限的,则根据算法 X 定义的第二个条件,算法 X 将结束运行。因此,算法 A 的判定结果不可能是"无限"。

由此我们发现,正如理发师悖论,算法 A 对算法 X 的判定结果陷入悖论状态,因而不存在符合条件的算法 A——无论今后人类创造出多么强大的人工智能或量子计算机,都无法创造出一种算法能够解决停机问题。看似简单的理发师悖论与停机问题,竟然已经超越了算法的极限,也超越了我们理性逻辑的边界!

想一想

停机问题与理发师悖论有何相似之处？它为何无法用任何算法解决？是否存在一种通用算法，能够判断任意一种算法的计算时间是否有限？（在这里我们可以把算法简单地理解成一段计算机程序）

你也许会感到不服气：理发师悖论与停机问题之所以不能用算法解决，是因为它们都利用"自指性逻辑"产生逻辑悖论。如果需要解决的问题不包含这样的"自指性逻辑"，是否就能用算法解决呢？

有趣的是，答案仍然是否定的。而解开谜题的钥匙，则是著名的"蝴蝶效应"。

天气预报与蝴蝶效应

1948 年，美国普林斯顿高等研究院的一间实验室里，一群顶尖科学家正围着一台庞大的机器紧张地忙碌着。这台机器占地足有半个房间，外壳上布满闪烁的灯泡和缠绕的电线，时不时就会因技术故障停止运行（并需要维修）——它正是世界上第一台通用计算机 ENIAC。主导这项研究的，正是 ENIAC 的设计者、被称为"计算机之父"的冯·诺依曼，以及被称为"现代气象动力学之父"的朱尔·格雷戈里·查尼（Jule Gregory Charney）。他们有一个雄心勃勃的目标：将预测天气的物理方程式写成算法并转化为计算机程序，只要输入当前的天气情况作为初始值，就能精确地预测未来每一时刻、每一地点的天气。这项研究一旦成功，将对航空、交通、军事等领域产生重要影响。

数学家冯·诺依曼与电子计算机 ENIAC

无处不在的算法

一开始，算法的预测结果令人振奋。1950 年 4 月，在计算运行超过 24 小时后，算法成功预测了未来 12 小时的天气变化，误差竟然不到 2%！冯·诺依曼乐观地预言："未来只要计算机的运算速度够快，我们连明年的天气都能准确预测！"然而，意想不到的问题很快出现了：当预测时间延长到 3 天以上，天气预测的误差却逐渐失控——明明输入的数据只差一点，算法产生的结果却天差地别，有时算法预测是晴朗天气，事实上可能风雨交加。

经过反复检查，冯·诺依曼、查尼和研究团队确认算法和数据都准确无误。究竟是什么导致了算法预测失灵呢？

时间来到 1961 年，麻省理工学院的气象学家爱德华·洛伦茨（Edward Lorenz）正在用一台简易计算机 LGP-30 模拟天气变化情况。某天，他想重复前一天的模拟计算结果时，为了节省时间，没有输入完整的初始数据，而是直接用了上次打印出来的一串六位小数：0.506127。然而他不知道，打印纸上的数字被截断成了 0.506——少了最后三位小数。

气象学家朱尔·格雷戈里·查尼

气象学家爱德华·洛伦茨

由于算法运行需要几个小时，他决定离开实验室去喝杯咖啡。几小时后，当他回到计算机前，发现此次天气预测结果与昨天得到的结果天差地别：原本预测的温和季风变成了席卷大陆的飓风。洛伦茨盯着数据反复检查，最终发现罪魁祸首竟是那被省略的 0.000127——如此微小的差异（0.506 与 0.506127），在现实中连最精密的温度计都无法测量，却在算法计算中被不断放大，彻底改变了天气预测结果。后来，他把这个现象称为"蝴蝶效应"：如果巴西的一只蝴蝶扇动翅膀，就可能在美国得克萨斯州引发龙卷风。

洛伦茨敏锐地意识到，天气预测属于混沌系统，拥有三大特点：

（1）确定性：完全遵循物理定律，没有随机成分；

（2）敏感依赖性：初始条件的微小变化会导致结果剧烈波动；

（3）不可长期预测：即使知道所有规律，也无法精确预测未来。

为了更直观地展示这个现象，洛伦茨用三个方程构建了一个简化的天气模型。当他在纸上画出方程解的轨迹时，出现了著名的"洛伦茨吸引子"——一组形似蝴蝶翅膀的纠缠曲线。这些曲线永远不重复、不交叉，就像天气永远无法被"算尽"。经典力学中著名的"三体"问题，也是混沌系统的一个重要例子。

让我们回顾冯·诺依曼等人在 1950 年的失败经历，其背后的原因呼之欲出：即使再强大的算法，也无法克服混沌系统"不可长期预测"的本质困难。现代超级计算机的运算速度是 ENIAC 的百亿倍，但 7 天以上的天气预报依然不具备很高的可信度。2012 年，美国气象局预测飓风"桑迪"的路径时，计算机模型最初显示它会在海上消散，但直到飓风登陆前 48 小时，算法才突然修正路线——这正是大气中微小扰动累积的结果。

不过，冯·诺依曼与查尼的努力并非徒劳，他们发明的数值算法至今仍是天气预报的基础。此外，混沌理论帮助我们厘清了算法能力的边界：短期预测可以用精确算法，长期预测则依靠宏观趋势。值得一提的是，2021 年的诺贝尔物理学奖被授予两位气象学家真锅淑郎（日本）与克劳斯·哈塞尔曼（德国），以表彰他们创造的模拟气候变化（尤其是全球变暖）的算法模型，这也是气象学家首次获得诺贝尔奖。从中可以看出，尽管我们无法用算法进行精确的天气预测，但仍能用算法在一定程度上模拟气候变化。

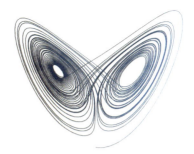

形似蝴蝶的"洛伦茨吸引子"

这是一个三维的、混沌的动力系统，其轨迹在相空间中形成一个复杂的、蝴蝶形状的图形。这个吸引子展示了系统行为的敏感依赖性，即初始条件的微小变化会导致轨迹的显著不同。

算法的艺术：在可能与不可能之间

让我们回到一开始的问题：算法是什么？算法可以用来解决什么问题？

准确地说，算法是解决某个问题的一系列指令，通常需要满足以下条件：

（1）输入值：完成计算所需的数据，如两个数字；

（2）输出值：计算的结果，如两个数字之和；

（3）明确性：每一个指令的描述没有歧义；

（4）有限性：所有指令须在有限的步骤内完成并输出结果；

（5）有效性：所有指令必须可以在现实世界实现。

以上定义由斯坦福大学计算机系教授高德纳（Donald

无处不在的算法

关于算法的书籍有很多，对于想更深入了解本书内容及算法历史的读者，推荐阅读克里斯·布利克利（Chris Bleakley）著，张今译，《算法简史：从美索不达米亚到人工智能时代》（2024 年）。本书以浅显易懂的语言和实例，带领读者鸟瞰算法的全貌。

Knuth）提出。有趣的是，在过去几十年中，算法的飞速发展正在不断拓展甚至颠覆这些定义。例如，虽然目前的工程技术无法实现量子计算（违反了算法的"有效性"条件），但科学家仍在持续研究各种量子算法的理论性质（如量子加密和量子通信），以期在未来将量子算法应用于现实世界、造福人类。

接下来，我们将学习形形色色的算法及其在现实生活中的应用。如今人类正在不断拓展算法的极限、了解算法的本质，而我们的学习旅程也将是一场"盲人摸象"式的探索，希望激起你对算法这头庞大、神秘而又充满智慧的大象的兴趣。

让我们开始奇妙的算法之旅吧！

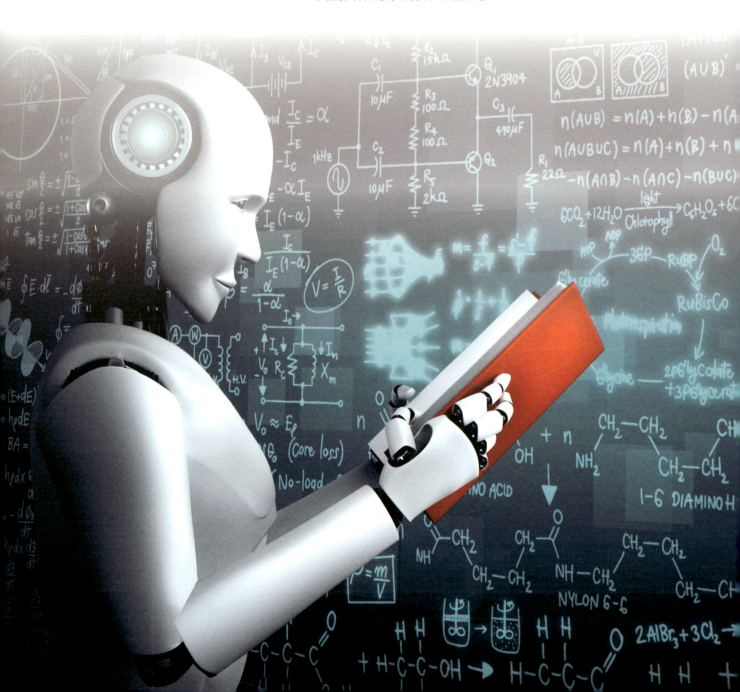

算法极简史

2

算法发展大事年表

年代	算法	描述	文明贡献
公元前 19 世纪	埃及分数算法	将有理数表示为若干单位分数之和	古埃及
公元前 4 世纪	欧几里得算法	又称"辗转相除法",用于计算两个整数的最大公约数	古希腊
公元前 3 世纪	埃拉托色尼筛法	寻找小于某个整数的所有质数	古希腊
公元前 1 世纪	《九章算术》	数十种拥有重要应用的算法,如联立一次方程组的解法,以及正负数加减法	中国
公元 5 世纪	中国剩余定理	又称"孙子定理""韩信点兵",用于解决一元同余方程组与余数问题	中国
公元 9 世纪	二次方程求根公式	由波斯数学家花拉子密在其巨著《代数学》中提出,后传入欧洲	波斯
公元 13 世纪	杨辉三角形	用于计算二项式展开的系数	中国
公元 17 世纪	纳皮尔发明对数	极大地提高了乘除法的运算速度	欧洲
公元 17 世纪	牛顿迭代法	寻找一般函数零点的数值解	欧洲
公元 18 世纪	欧拉算法	寻找常微分方程的数值解,广泛用于求解工程中的力学问题	欧洲
公元 19 世纪	高斯消元法	求解线性方程组与逆矩阵,其核心思想最早见于中国《九章算术》	欧洲
1940 年代	蒙特卡洛方法	基于随机抽样的数值计算方法	现代科学
1947 年	单纯形算法	求解线性规划问题的优化算法	现代科学
1956 年	最短路径算法	搜索图中最短路径,用于智能导航	现代科学
1959 年	快速排序法	将杂乱无序的数字进行快速排序	现代科学
1965 年	快速傅里叶变换	计算傅里叶变换,用于信号处理	现代科学
1977 年	RSA 加密算法	既高效又安全的非对称加密算法,用于互联网数据传输与信息加密	现代科学
1982 年	反向传播算法	用于训练人工智能的深度学习模型	现代科学
1996 年	PageRank 算法	谷歌公司用于网页排名的算法	现代科学

算法的前世今生

你将了解：

古巴比伦算法

古希腊算法

古代中国算法

说起辉煌灿烂的古代文明，我们或许会想到中国长城、希腊神庙、古埃及金字塔、古巴比伦空中花园，还会想到中国的诸子百家、古希腊的哲学与神话、古印度的史诗与宗教。这些古代文明创造了各式各样的算法，有的用于解决生活中的实际问题（如中国），有的则用于探索自然本身的奥妙（如古希腊）。这些算法是先哲数学智慧的结晶，像一粒粒种子深埋于地下，穿越了黑暗的中世纪，历经千年传承终于开花结果，对现代数学以及算法的发展产生了深远的影响。

在本节中，我们将了解不同古代文明先哲创造的算法，以及这些算法在现代生活中的重要应用。

古巴比伦算法

目前已知最早的算法来自 2500 年前，位于美索不达米亚（今伊拉克地区）两河流域的古巴比伦文明。有趣的是，古巴比伦人使用的计数系统并非我们熟悉的十进制，而是六十进制，这种计数系统在天文学和时间计算中非常有效，并且至今仍有广泛应用，如时钟和角度的度量（1 小时等于60 分钟，1 分钟等于 60 秒，一个圆周等于 360 度）。

无处不在的算法

𒁹 1	𒌋𒁹 11	𒌍𒁹 21	𒐜𒁹 31	𒐏𒁹 41	𒐐𒁹 51
𒈫 2	𒌋𒈫 12	𒌍𒈫 22	𒐜𒈫 32	𒐏𒈫 42	𒐐𒈫 52
𒐈 3	𒌋𒐈 13	𒌍𒐈 23	𒐜𒐈 33	𒐏𒐈 43	𒐐𒐈 53
𒐉 4	𒌋𒐉 14	𒌍𒐉 24	𒐜𒐉 34	𒐏𒐉 44	𒐐𒐉 54
𒐊 5	𒌋𒐊 15	𒌍𒐊 25	𒐜𒐊 35	𒐏𒐊 45	𒐐𒐊 55
𒐋 6	𒌋𒐋 16	𒌍𒐋 26	𒐜𒐋 36	𒐏𒐋 46	𒐐𒐋 56
𒐌 7	𒌋𒐌 17	𒌍𒐌 27	𒐜𒐌 37	𒐏𒐌 47	𒐐𒐌 57
𒐍 8	𒌋𒐍 18	𒌍𒐍 28	𒐜𒐍 38	𒐏𒐍 48	𒐐𒐍 58
𒐎 9	𒌋𒐎 19	𒌍𒐎 29	𒐜𒐎 39	𒐏𒐎 49	𒐐𒐎 59
𒌋 10	𒎙 20	𒌍 30	𒐏 40	𒐐 50	

使用楔形文字书写的古巴比伦数字（六十进制）

古巴比伦人最著名的算法成就之一是他们的方程解法，特别是线性方程和二次方程的解法。他们的数学文献显示出对二次方程的一般性理解，并能够通过几何方法和代数方法求解。例如，他们知道如何解形如 $ax^2+bx=c$ 的二次方程，并能通过某些调整和变换得到解。这种解法为后来的数学发展奠定了基础。

在几何方面，古巴比伦人对勾股定理有相当的理解。他们在黏土板上留下了许多几何问题的解法，其中一些与勾股定理有关。这表明他们不仅了解该定理的基本原理，还能够将其应用于解决实际问题。

此外，古巴比伦人还发明了先进的数值计算技术，用于处理复杂的实际问题。他们的乘法表和倒数表是极其重要的数字贡献，显示出他们在数值运算和提高计算效率方面的高超技巧。通过这些表格，古巴比伦人能够快速进行乘法、除法和分数计算，这在当时的商业和工程活动中极为重要。

公元前18世纪的古巴比伦黏土板，记录了 $\sqrt{2}$ 的数值（精确到小数点后6位数）

古巴比伦人如何用"数形结合"巧解一元二次方程？

早在距今 3600 年前，古巴比伦人就发明了求解一元二次方程的算法，并用楔形文字记录在黏土制成的泥板上流传至今。同时期的中国正处于商朝早期，而同时期的古希腊尚未发明文字，可见古巴比伦文明很早便取得了辉煌的数学成就。

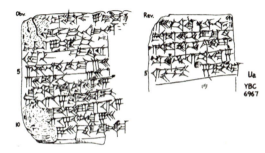

古巴比伦人求解一元二次方程的算法
（YBC 6967，现藏于美国耶鲁大学博物馆）

右图中的石板用楔形文字记载着一个几何问题：已知一个长方形的面积为 60，且它的长边与短边的长度之差为 7，请问长方形长短两边的长度分别是多少？

利用中学的方程知识，我们不妨设短边的边长为 x，则长边边长为 $x + 7$，通过长方形面积公式得到一元二次方程：$x(x + 7) = x^2 + 7x = 60$，并求解这个方程得到答案。

然而，古巴比伦人并没有使用现代的代数方程体系（如将方程写成 $ax^2 + bx = c$ 的形式），而是巧妙地利用"数形结合"的思想，发明了一种无须解方程就能解决问题的算法。下面让我们穿越回 3600 年前古巴比伦人的数学课堂，使用他们的算法来解决这个问题吧！

第一步，画出长方形 $ABCD$，长边为 AD 与 BC，短边分别为 AB 与 CD（下图）。

第二步，由于 $AD - AB = 7$，我们可以在长方形 $ABCD$ 里再画出一个正方形 $ABFE$，正方形的两边 AB 与 AE 长度相等，而 $ED = 7$（下图）。

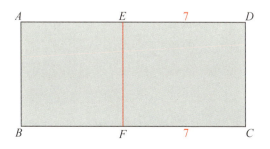

第三步，也是最关键的一步，将长方形的面积问题转化为计算两个正方形的面积。我们将长方形 $EDCF$ 沿着 ED 边的中点切成面积相同的两半，并将右边一半拼接到正方形 $ABFE$ 的下面，由此我们得到了一个新的正方形 $APQR$（下图）。想一想：$APQR$ 为什么是正方形？

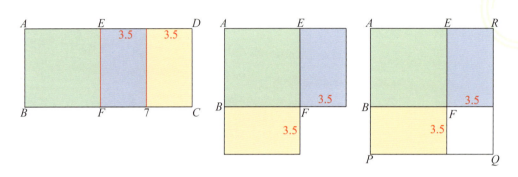

第四步，由于第三步剪切与拼接前后的总面积不变，因此蓝色正方形 $APQR$ 的面积等于原先长方形 $ABCD$ 的面积加上右下角边长为 3.5 的白色正方形的面积，即 $APQR = 60 + 3.5^2 = 72.25$。由于 $APQR$ 是正方形，我们便知它的边长为 $AP = \sqrt{72.25} = 8.5$（下图）。

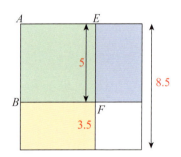

第五步，由于蓝色正方形的边长为短边 AB 的长度加上 3.5，我们得到短边长度为 $AB = 8.5-3.5 = 5$，长边长度为 $AD = 5+7 = 12$。最后，我们可以计算出长方形的面积为 $5 \times 12 = 60$。

以上算法中首创的"数形结合"思想对后世影响极为深远，它从本质上揭示了研究数字、方程的代数学与研究曲线、图形的几何学并非两种独立的知识体系。恰恰相反，许多代数问题可以通过几何图形直观解决，而几何问题也可以通过代数运算解决。这一思想被 17 世纪法国数学家笛卡儿用于构建笛卡儿坐标系，彻底联通了代数与几何，成为现代数学发展的重要基石。

有趣的是，目前出土的古巴比伦黏土板上并没有记录以上作图辅助解题的过程，而是把解题的计算步骤总结写成下面的简洁算法（也称为巴比伦算法）：

第一步，将长短边的长度之差 7 除以 2，得到 $7 \div 2 = 3.5$；

第二步，将第一步结果的平方与长方形面积相加，得到 $3.5^2 + 60 = 72.25$；

第三步，将第二步结果开平方根，得到 $\sqrt{72.25} = 8.5$；

第四步，求得长短两边的长度：长边长度为第三步结果加上第一步结果，即 $8.5 + 3.5 = 12$；短边长度为第三步结果减去第一步结果，即 $8.5 - 3.5 = 5$。

 想一想

已知一个长方形的面积为 40，且长边与短边的长度之差为 3，请用上面的巴比伦算法计算长方形长短两边的长度。

拓展思考：如果你学过一元二次方程的求根公式（公元 9 世纪由波斯数学家花拉子密提出） $x = \dfrac{-b \pm \sqrt{b^2 - 4ac}}{2a}$

你能看出巴比伦算法和求根公式之间的联系吗？

古希腊算法

以毕达哥拉斯、欧几里得、柏拉图等为代表的古希腊哲学家创造了一套抽象化、公理化的数学体系，并将其应用于几何、数论，乃至天文、地理、音乐、物理等领域。对古希腊数学家而言，数学代表最纯粹的理念世界，同时也是训练哲学家逻辑思维的重要工具。

毕达哥拉斯

欧几里得

柏拉图

埃拉托色尼筛法与哥德巴赫猜想

教授数学的埃拉托色尼（左）

埃拉托色尼（Eratosthenes，公元前276—公元前194年）是古希腊数学家、天文学家，也是第一位利用天文学与几何学原理直接计算地球直径的人。

埃拉托色尼发明的筛法是一种用于寻找质数的算法。想了解这个算法，我们先要了解什么是质数。质数是所有仅能被自身与1整除的且大于1的正整数。例如，2、3、5均是质数，但4与6不是质数，因为它们可以写成其他正整数的乘积 $4 = 2 \times 2$，$6 = 2 \times 3$。在古希腊，寻找质数是一个纯粹的数学问题，但现如今却成了通信学、密码学中最重要的问题之一。每当我们进行银行转账、电子支付或加密通话时，都会使用与质数相关的计算（如著名的RSA加密算法）。

假设给定一个正整数（如12），埃拉托色尼筛法可以筛选出所有小于这个数的质数。

第一步，想象有两只碗，大碗里装着所有小于12的正整数（不包括1），这些数都是等待被筛选的。小碗一开始是空的，之后我们将用它来装筛选出的质数。

大碗（待筛的数字）：2, 3, 4, 5, 6, 7, 8, 9, 10, 11, 12

小碗（筛出的质数）：空空如也

第二步，取出大碗中最小的数字2放入小碗。随后，将大碗中所有2的倍数扔掉

大碗（待筛的数字）：3, 5, 7, 9, 11

小碗（筛出的质数）：2

第三步，取出大碗中最小的数字3放入小碗。随后，将大碗中剩下的所有3的倍数扔掉。

大碗（待筛的数字）：5, 7, 11

小碗（筛出的质数）：2, 3

不断重复上面的步骤，直到大碗变成空碗，此时小碗中装的就是所有小于12的质数。

1966年，我国数学家陈景润在哥德巴赫猜想问题上取得了重大突破，他在艰苦环境

下坚持数学研究的故事也通过作家徐迟的报告文学《哥德巴赫猜想》而家喻户晓。也许你不知道，陈景润研究哥德巴赫猜想时所使用的数学工具正是埃拉托色尼筛法（以及后人改进的版本）！这首"计算的诗歌"传唱了2000余年，最终在世界另一端的中国，成就了陈景润了不起的数学贡献。

陈景润

古代中国算法

相较于公理化、抽象化的古希腊数学体系，古代中国的数学发展则偏重解决实际问题，并创造了许多巧妙的算法。早在西周时期的《周礼》中，"数"就是士人需要掌握的"六艺"之一。具体而言，"数"包含九个知识模块，简称"九数"，分别是方田（计算面积）、粟米（粮食折换）、差分（按比例分配）、少广（开平方、开立方）、商功（计算体积）、均输（摊派赋税）、方程（多元一次方程）、盈不足（盈亏问题）、勾股（直角三角形）。成书于公元前100年左右的《九章算术》也是现存最早的古代数学著作之一。

中国剩余定理：从韩信点兵到孪生素数猜想

华人数学家张益唐于2013年在孪生素数猜想问题上取得了突破性进展

中国剩余定理（Chinese Remainder Theorem）是为数不多的以国家命名的数学定理，最早见于中国南北朝时期（公元5世纪）的数学著作《孙子算经》（作者不详，但并非春秋时期写《孙子兵法》的军事家孙武）。中国剩余定理通常与著名典故"韩信点兵"联系在一起。

相传楚汉相争时期，有一次汉朝大将军韩信带领一千余名士兵与敌人作战，需要清点士兵的具体人数。他先命令士兵每三人排成一排，结果多出两名士兵。随即他令士兵每五人排成一排，结果多出三名士兵。最后他令士兵每七人排成一排，结果又多出两名士兵。

手下的将官不知如何是好，但聪明的韩信已经知道，士兵人数为1073名。

韩信是如何通过排队剩余士兵的人数（即余数）就知道士兵总人数的呢？

中国剩余定理提供了以下的巧妙算法：

第一步：将三个除数相乘，得到 $3\times5\times7 = 105$；

第二步：将除以 3 的余数乘以 70，将除以 5 的余数乘以 21，将除以 7 的余数乘以 15，最后相加，得到 $2\times70 + 3\times21 + 2\times15 = 140 + 63 + 30 = 233$；

第三步：最终答案（士兵总人数）是 233 加上 105 的一个整数倍数。通过几次简单的尝试，我们发现 $233 + 105\times8 = 1073$ 是最接近 1000 且满足三个余数条件的答案。

这个诞生于 1500 多年前的数学定理如今被广泛应用于我们生活的方方面面。我们每天浏览网页、电子支付时使用的 RSA 加密算法，以及信号处理、卫星定位时使用的快速傅里叶变换等看上去高深莫测的算法，其实都用到了与"韩信点兵"相同的方法。

2013 年，华人数学家张益唐证明了数论领域多年悬而未决的重要难题——孪生素数猜想的一个弱化形式，即证明了存在无穷多对素数，每对素数相差不超过七千万。张益唐的证明被誉为 21 世纪最重要的数学发现之一，而中国剩余定理在其中扮演了关键的角色，这可谓古今中国数学家之间的奇妙缘分。

除了上面介绍的古文明外，古代埃及、印度、伊斯兰、玛雅等文明都取得了杰出的数学成就。感兴趣的读者可阅读莫里斯·克莱因（Morris Kline）著，张理京、张锦炎、江泽涵等译，《古今数学思想》（2009 年）。

对中国剩余定理以及古代中国数学感兴趣的读者，推荐阅读左铨如、刘培杰著，《中国剩余定理——总数法构建中国历史年表》（2015 年）。

虽然古代中国的数学家们取得了辉煌灿烂的成就，但他们的著作却并未像儒家经典一样被广为传播，成为后代学子研习的必读书目。例如，南北朝数学家祖冲之的著作《缀书》在当时被认为过于复杂高深，以至于"学官莫能究其深奥，是故废而不理"，到北宋时便已失传。20 世纪 70 年代，吴文俊等学者认识到古代中国数学中蕴藏的科学瑰宝，开始系统整理中国古代数学成就，并发展出"几何定理机器证明"，被认为是影响人工智能发展的先驱性工作。从中我们可以看出，对现有知识体系的整理和传承与创造新知识同样重要。

 想一想

假如韩信带领五百名左右的士兵：每三名士兵站成一排，多出一名士兵；每五名站成一排，多出两名士兵；每七名站成一排，多出四名士兵。那么士兵总人数是多少呢？

计算工具带来的算法革新

你将了解：

最早的计算工具

算法工具的两次跃迁

量子计算机的未来图景

子曰："工欲善其事，必先利其器。"这句话用来形容算法的发展历史也同样合适。甚至可以说，算法和计算工具的发展是相辅相成、密不可分的。一旦人们掌握了全新的计算工具（如电子计算机），往往会创造出全新的算法（如分布式计算）。

近年来，人工智能技术的飞速发展对计算机的效率提出了更高的要求，同时也引发了一场全新的计算工具革命。在此背景下，图形处理器（GPU）与纳米级芯片竞相登场。而这一切在未来终将被量子计算机与量子算法所取代。本节中，我们将了解计算工具的发展历史，揭开算法与计算工具之间跨越千年的联系。

中国算盘

古罗马算盘（阿巴克斯 abacus）

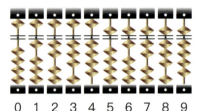

0 1 2 3 4 5 6 7 8 9

算盘中不同数字的表示方法
（你能找出其中的规律吗？）

这套珠算口诀可以看作算法的前身。

算盘："五脏俱全"的迷你计算机

世界各地的古代文明，如中国、古巴比伦、古埃及、古希腊等，即便使用不同的语言，拥有不同的文化和宗教，也都不约而同地发明了算盘作为计算工具，可见不同文明的古人对数字与计算的理解殊途同归，超越了文化与地域的隔阂。

算盘看似结构简单，只是由一些细长的支架和算珠组成，其中却蕴藏着古人深刻的数学智慧，称得上是一台"五脏俱全"的迷你计算机。以中国的算盘为例，其基本原理是将数字按照十进制分解为个、十、百、千、万等数位，用算珠的位置表示每个数位的数值。计算时，只需移动算珠就能表示计算结果，避免书写汉字"一"到"九"，大大提升了计算速度与准确度。有趣的是，我们目前使用的电子计算机也使用类似的方法记录数值大小，只是由人类更容易理解的十进制改为电脑更容易处理的二进制。

不过，要想熟练使用算盘计算加减乘除，必须掌握一整套类似九九乘法表的珠算口诀。例如，常用的珠算口诀"三下五除二"，原指在进行"加三"的加法运算时，需要先从算盘的上档拨下一个珠（"下五"），然后从下档上除去两个珠（"除二"），如今被引申为做事干脆利落，不拖泥带水。这些口诀犹如今天计算机中的程序指令，指导我们通过一系列简单的步骤，最终完成复杂的计算。

利用算盘简单的结构与巧妙的算法，古人能完成极为精妙的计算任务。从商品贸易到预测日食，从设计建筑到制定历法，算盘不仅是古人的智慧结晶，更创造了辉煌灿烂的古代文明。算盘中的数据存储与计算模式，也直接影响了今天使用的电子计算机。

机械计算机：算法与计算机结构的萌芽

在 17 世纪的欧洲，随着文艺复兴带来的商业繁荣与科技发展，人们开始需要一种更简便易用的计算工具，同时也掌握了制造复杂精密仪器的技术。

1642 年，18 岁的法国数学家帕斯卡（Blaise Pascal）设计了一种滚轮式加法器，又名帕斯卡计算机（Pascaline），用来帮助担任税务官的父亲计算税收金额。这位计算机的工作原理与钟表类似：在精密而巧妙的齿轮结构中，每个齿轮表示一个数位，用齿轮的顺时针与逆时针旋转分别表示加法与减法，并能快速进行加法中"逢十进一"的进位。

帕斯卡计算机

与算盘不同的是，帕斯卡计算机不需要使用者了解其内部的工作原理，因而极大降低了使用难度。使用者只需把齿轮的位置调整为需要相加的两个数，然后顺时针转动齿轮，就能直接得到正确的结果。然而，由于使用者无法改变其算法，帕斯卡计算机的功能仅限于加减法。值得一提的是，鉴于 17 世纪法国的货币体系并不使用十进制，帕斯卡发明了一种专门用于财会记账的计算机，可见其设计理念已经能兼容不同的数位系统。

当时法国的货币体系中，12 但尼尔等于 1 苏，20 苏等于 1 里弗尔。

到了 1822 年，英国数学家巴贝奇（Charles Babbage）改进了帕斯卡计算机，并提出差分机（Difference Engine）的设计方案，不仅可进行加减法运算，还可进行乘法运算。其中最具创意的想法是通过差分算法，将乘法运算转化为一系列加减法运算。

这种能兼容不同数位系统的计算机成为 400 年后通用计算机设计理念的萌芽。

以二次函数 $f(x)=x^2$ 为例，巴贝奇发现这个函数满足一种有趣的差分关系：

$$f(n)=f(n-1)+f(n-1)-f(n-2)+2$$

因此，只要我们向差分机输入 $f(1)=1$，$f(2)=4$，我们就能得到其余的函数值：

$$f(3)=f(2)+f(2)-f(1)+2=4+4-1+2=9$$
$$f(4)=f(3)+f(3)-f(2)+2=9+9-4+2=16$$

巴贝奇还发现其他多项式函数 $f(x)=x^n$ 都满足类似的差分关系，因此差分机其实可以用来计算任意多项式函数的数值！

 **想一想**

如何使用差分机原理，计算二次函数 $f(x)=x^2$ 在 $x=10$ 时的函数值？结果是多少？运用我们在上一章第三节介绍的算法复杂度，想一想差分机的复杂度是什么。

无处不在的算法

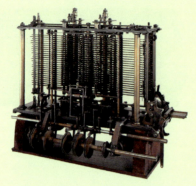

英国数学家巴贝奇设计的分析机

可惜的是，尽管英国政府资助了差分机的研制工作，但由于巴贝奇不断修改设计方案，直到十年后的 1832 年也只完成了七分之一的工作，项目最终被迫终止。然而，失去政府支持的巴贝奇并未心灰意冷，转而投身于他的新发明——分析机（Analytical Engine）的研究。

与差分机一样，分析机的研制工作最终也停留在设计草图阶段。但巴贝奇也许不知道，他设计的分析机其实包含了现代电子计算机的所有重要元素：输入与输出、存储器、运算器、控制器，以及编程语言的雏形。更重要的是，它是历史上第一台通用计算机，可以运行各种算法程序，完成复杂的计算任务。与巴贝奇同时代的女性数学家阿达·洛芙莱斯（Ada Lovelace）提出了以分析机为载体的编程思想，创造了使用分析机计算伯努利数的算法流程图。世界上的第一个"计算机程序"其实比第一台计算机早诞生 100 多年。

电子计算机：算法革命的导火索

1946 年，美国宾夕法尼亚大学莫奇利（John Mauchly）和埃克特（J. Presper Eckert）领导的科研团队研制了伊尼亚克（ENIAC），全称"电子数值积分计算机"（Electronic Numerical Integrator and Computer）。它是世界上第一台通用电子计算机，在诞生之初被美国陆军用于计算火炮的火力表。

与如今的便携电脑、智能手机不同，ENIAC 是个庞然大物。它包含 17468 个真空管、7200 个晶体二极管，重达 27 吨，占地 167 平方米（相当于三间教室的面积）。运行时，工程师们需要穿梭于计算机"内部"，手动输入写有程序指令和数据的打孔卡，读取运算结果，并修复各种故障。由于研究人员对 ENIAC 的结构与算法进行了大量优化，其计算速度比之前的电子计算机提高了 1000 倍。

ENIAC 是第一台具有"图灵完备"属性的通用计算机，通过设计不同的计算机程序，工程师可利用 ENIAC 完成多种计算任务，从预测天气到优化供应链，从快速排序到计算核弹爆炸威力。

所谓"图灵完备"，是指 ENIAC 具有与图灵机同样的计算能力。换言之，无论今后的电子计算机变得多么强大，它们能解决的问题本质上与 ENIAC 是一样的，只是计算速度变得更快而已，仅仅是"量变"而非"质变"。

ENIAC 的诞生掀起了算法研究的爆发式发展，设计一种全新的算法通常可以攻克某个领域多年悬而未决的难题。例如，1947 年发明的单纯形算法一举解决了极为复杂的大规模线性优化问题，被广泛应用于工业生产优化。你或许注意到，本章伊始的算法大事年表正是以 1946 年为分界，此后发明的大量算法在当今生活中仍有极为广泛的应用。在本书的第三章，我们将学习这些既有趣又重要的算法。

在 ENIAC 问世后的几十年间，晶体管和集成电路技术飞速发展，第二代和第三代电子计算机相继出现。这些计算机不仅体积更小、速度更快、功耗更低，还具备更强的存储和计算能力。各种现代编程语言也使算法设计更为简便，在此基础上发展出了我们熟悉的 Windows 操作系统、Office 办公软件、苹果 iOS 手机系统等。然而，这些发展其实并未跳出 ENIAC 设计者确立的大框架——直到近年来人工智能与量子计算的兴起。

图形处理器：从电子游戏到人工智能

图形处理器（graphics processing unit，简称 GPU），顾名思义，是一种用来处理图像信息的计算机硬件。GPU 的设计理念由英伟达公司（Nvidia）于 1999 年提出，最初的主要用途是提升计算机显示器的图像处理效率，快速生成清晰的图像（如视频、游戏画面），因此 GPU 通常被称为"显卡"，成为游戏玩家们津津乐道的科技话题。

然而，2010 年后，随着人工智能与深度学习的飞速发展，GPU 的另一大优势逐渐显现。与

世界上第一台通用电子计算机伊尼亚克（ENIAC）

英伟达 GPU 内置芯片

GPU 外观

传统的中央处理器（CPU）相比，GPU 拥有更强大的并行计算能力。打个比方，如果让 CPU 与 GPU 同时计算 100 道乘法题，CPU 需要逐题计算，而 GPU 可以同时计算所有题目，因此计算效率极高。虽然 GPU 同时进行大规模矩阵和向量运算的能力是为计算机图形处理而设计的，但它在人工智能模型训练中却发挥了意想不到的重要作用。有研究者认为，今后人工智能的发展已经与算法的创新无关，而主要取决于训练数据的规模以及 GPU 的性能和数量。

据估算，OpenAI 公司使用了 12 万张 GPU 卡训练人工智能模型，而购买这些 GPU 的总金额高达 18 亿美金。近年来，GPU 设计领域的佼佼者英伟达已成为全球增长最快、市值最高的公司之一，其研发重心也从计算机图形芯片转向人工智能芯片，成为新一代人工智能发展中最炙手可热的资源。与此同时，为解决芯片领域"卡脖子"问题，我国科技企业（如华为、海光信息、寒武纪、景嘉微等）在 GPU 设计方面取得显著进展，正逐步缩小与世界顶尖水准的技术差距。

量子计算机：预言的未来离我们还有多远

从前面的介绍中不难发现，计算机的发展历史是一脉相承的：从算盘使用的计算口诀与算珠计数法，到电子计算机使用的程序与集成电路，本质上都是基于同一种理念的技术更新。然而，量子计算机的出现彻底打破了传统计算机的发展模式。

量子计算机之所以具备颠覆传统计算发展模式的潜力，原因来自奇妙的量子力学。无论是算盘、差分机还是电子计算机，传统计算机的最小计算单元都是单一的数值，每一时刻只能处于一个特定状态（例如，算盘上的数字是 1）。与此不同，量子计算机的最小计算单元称为量子比特（qubit），它是两个量子态 0 和 1 的叠加态，也就是通常所说的"薛定谔的猫"（详见 P76），其实是处于"生"与"死"之间的量子叠加态。

如果我们有两个量子比特，它们所构成的量子体系则是 4 个量子态（00，01，10，11）的叠加态。以此类推，当我们有多个量子比特时，量子态的数量呈指数级增长。而如果我们将每个量子态看作算法问题的一个解，量子计算机就如同一台强大的并行计算机，可同时测试大量不同解的正确性，从而快速找到正确解。

1982 年，著名物理学家费曼（Richard Feynman）提出用量子体系作为计算的基本单元，并设计通用的量子计算机。起初，量子计算机主要是物理学家的研究对象，他们的目的是模拟复杂的量子系统（如粒子对撞、超导体、蛋白质等）并精确计算它们的性质。然而，1994 年肖尔算法（Shor's algorithm）横空出世，首次通过量子算法颠覆了传统算法研究的看家本领：密码学。肖尔通过算法证明，量子计算机可以快速破解传统计算机在短时间内无法破解的 RSA 加密通信算法，从而证明了所谓的"量子优越性"（quantum supremacy）。此后，量子计算成为物理学家与算法学家争相攀登的科学高峰。

量子计算机还催生了许多新型算法理念。例如，量子模拟算法利用量子计算机模拟复杂的物理现象和化学反应，可以解决传统计算机难以处理的科学问题（如蛋白质折叠），在材料科学、药物设计和高温超导等领域有着重要的应用。量子机器学习则将量子计算与机器学习相结合，探索如何利用量子计算机优化机器学习与人工智能算法。

然而，上面所勾勒的美好前景目前仍停留在理论层面。量子计算机最大的技术瓶颈在于很难制造处于稳定状态的多个量子比特。正如薛定谔的猫在被观察时会从叠加态坍缩为"生"或"死"中的任意一种状态，现实中的量子比特也极易受到周围环境的干扰，难以维持稳定的叠加态。目前即便是最先进的量子计算机也无法维持 100 个以上的量子比特，因而短期内并不会对我们日常通信和电子支付中的密码安全构成威胁。

真正的量子计算机离我们还有多远？十年？百年？或许更久？目前的量子技术还无法给出一个确切的答案。

在本书的第三章，我们将深入了解量子计算机的工作原理并亲手设计一种量子算法。

在本节中，我们从算法的角度，系统梳理了计算工具的发展简史，但限于篇幅，许多有趣的科学家故事未能详细介绍。对此感兴趣的读者，推荐阅读马丁·坎贝尔－凯利（Martin Campbell-Kelly）等合著，蒋楠译，《计算机简史（第三版）》（2020 年）。

算法历史上的重要人物

你将了解：

计算机科学理论奠基人

算法与程序设计的巨匠

量子计算的先驱

密码学的突破者

    通过前面的介绍，我们了解到算法的发展既汲取了古代文明的智慧结晶，又与计算工具的变革历程紧密相连。然而，许多重要的算法理念并非完全来自既定的规律，而是源于算法学家们多年潜心钻研的积累以及那些瞬间闪现的灵感。这些学者以非凡的智慧和独特的个性，在算法发展史上留下了浓墨重彩的一笔。本节我们将走近这些算法历史上的重要人物，聆听他们的故事，感受他们对算法世界的深远影响。

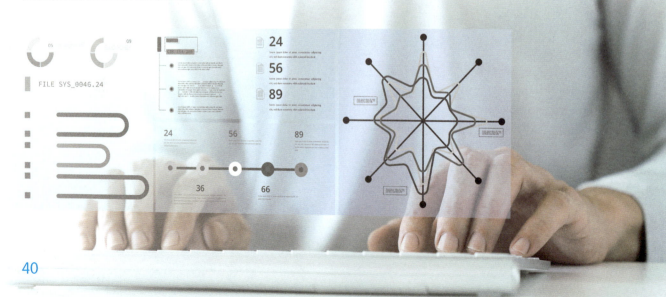

计算机科学理论奠基人

艾伦·图灵：计算理论与人工智能之父

提起算法与计算机的发展，图灵是一个绕不开的名字，也是贯穿本书的灵魂人物之一。

图灵出生于英国伦敦郊外，26 岁获得数学博士学位。早在 1936 年电子计算机尚未问世之时，图灵就提出了划时代的理论——"图灵机"。简而言之，任何人类可以完成的计算都可以由一台图灵机完成。通过研究图灵机的性质，图灵惊讶地发现：有一类问题是任何计算机使用任何算法都无法解决的。换言之，在第一台电子计算机出现之前，图灵就通过逻辑证明"计算机和算法不是万能的"。

艾伦·图灵（1912—1954）

第二次世界大战期间，图灵参与破译纳粹德国的恩尼格玛（Enigma）密码机。德语 Enigma 的字面意思为"谜题"。这套密码使用了极其复杂而精巧的数学理论，在数年内令盟军一筹莫展。德军潜艇借此传递情报，给盟军造成重大伤亡。图灵和他的团队通过数年的不懈努力，发明了一种新的随机算法（详见本书第四章）和自动密码破译机，终于在 1941 年攻克了这套密码。

图灵不仅是现代计算机领域的开山鼻祖，也是人工智能研究的先驱。他于 1950 年提出的图灵测试，至今仍被用于判断人工智能是否达到了人类的智能水平（详见本书第五章）。

令人惋惜的是，1954 年图灵因不堪英国警方的骚扰与迫害，食用了涂有氰化物的苹果后去世。苹果公司的商标设计（一只被咬了一口的苹果）就是为了缅怀图灵而设计。为纪念图灵对计算机理论的贡献以及二战时破译德军密码的功绩，美国计算机协会设立了图灵奖，该奖项也被誉为"计算机界的诺贝尔奖"。2000 年，中国计算机科学家姚期智因其在计算理论方面的贡献获此殊荣。

无处不在的算法

冯·诺依曼（1903–1957）

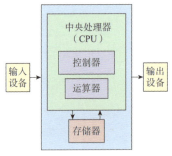

冯·诺依曼发明的计算机构型

由于篇幅限制，我们无法纵览艾伦·图灵和冯·诺依曼这两位天赋异禀而又极具个性的学者的传奇经历，以及他们所处的那个科学与算法研究爆发式发展的时代。对此主题感兴趣的读者，推荐阅读安德鲁·霍奇斯（Andrew Hodges）著，孙天齐译，《艾伦·图灵传》（2012 年），以及阿南约·巴塔查里亚（Ananyo Bhattacharya）著，贷冈译，《来自未来的人：约翰·冯·诺依曼传》（2023 年）。

约翰·冯·诺依曼：现代计算机之父

被誉为"现代计算机之父"的冯·诺依曼出生于匈牙利布达佩斯的一个富庶的犹太人家庭，从小就是远近闻名的神童，不到十岁便学会了微积分，并熟练掌握了英语、法语、德语、拉丁语、古希腊语等多种语言。1933 年，为躲避纳粹对犹太人的迫害，冯·诺依曼来到美国普林斯顿高等研究院，与爱因斯坦、哥德尔等著名人物共同成为该研究机构的首批学者。

冯·诺依曼是一位百科全书式的学者。从集合论到量子力学，从博弈论到线性优化，他在诸多领域都做出了开创性贡献。在算法领域，冯·诺依曼主要有三大贡献：一是发明了归并排序法（Merge Sort），其化繁为简、分而治之的思想被其他算法广泛应用；二是与乌拉姆共同发明了利用随机性解决复杂计算问题的蒙特卡洛算法；三是于 1945 年提出现代计算机的"冯·诺依曼结构"，创造性地将计算机程序指令与计算所需数据以同一种模式进行存储，不仅极大地提升了运算速度，更成为如今计算机所使用的框架。

冯·诺依曼生平有诸多轶事为人津津乐道。有一次，一位学生向他请教一道复杂的数学题。冯·诺依曼听完题目后瞬间给出了答案。学生失望地问冯·诺依曼："教授您是否早就知道这道题目应该用一种巧妙的算法来解决？"冯·诺依曼却说："我并不知道这样的算法。我只不过把你的问题转化为无穷级数的求和，然后在脑子里直接计算出无限求和的结果。"在场众人无不惊叹。人们常说，虽然冯·诺依曼发明了计算机造福人类，但他自己却用不上，因为他的脑子就是一台计算机！

另一次聚会中，一位学者看到冯·诺依曼正弯着腰亲切地与一个小女孩交谈，并耐心地回答她各种天马行空的科学问题。这位学者突然想到："或许冯·诺依曼在和其他专业学者讨论科学问题的时候，就像他在回答这个小女孩的问题时一样轻松。"

算法与程序设计的巨擘

高德纳：撰写"算法圣经"的艺术家

　　高德纳是算法研究领域的传奇人物，被誉为"算法之父"。他对算法和计算机科学的贡献深远而广泛，于 1974 年获得计算机科学最高荣誉——图灵奖。

　　高德纳是一位文理兼修的"文艺复兴"式的通才学者。他出生于 1938 年，从小便展现出对数学、科学以及文学、艺术的浓厚兴趣。他于 1963 年获得数学博士学位，并于 1968 年出版《计算机程序设计艺术》一书（The Art of Computer Programming，在算法学界通常简称为 TAOCP）。这部著作被誉为"计算机科学与算法的圣经"，涵盖了广泛的算法研究主题，从基本的数据结构到复杂的算法设计，并教会读者如何创造一个简洁而优美的算法。高德纳在书中不仅详细介绍了每个算法的工作原理，还革命性地引入了渐进符号（Big O notation），创造了目前评估算法效率和计算复杂度的标准方法之一，深刻影响了算法学家对算法优越性的理解。

高德纳（1938—　）

《计算机程序设计艺术》

　　在理论研究之外，高德纳还开发了多个被广泛使用的工具和系统。出于对美术与书法的热爱，他认为当时数学与算法论文的排版十分不美观，由此设计了 TeX 系统。TeX（以及之后发展的 LaTeX）因其高度的灵活性和美观的排版效果，成为数学、物理和计算机科学界论文撰写的标准排版工具，被数以万计的学者广泛使用。

　　高德纳的学者风范同样为人称道。对于每一位找出他著作中错误的人，他都会寄一张 2.56 美元的支票作为奖励，而之所以选择 2.56 美元（即 256 美分），是因为它是 16 进制中的 1 美元。收到支票的人通常并不会兑换奖金，而是会把高德纳亲笔签名的支票珍藏起来。

　　有趣的是，这样一位算法与计算机科学领域的学界泰斗从 1990 年开始就不再频繁使用电子邮件，而是坚持通过纸质信件进行绝大多数的交流。对此，高德纳本人的解释是："电子邮件对于那些生活中需要掌控一切的人来说十分有用，但对我来说却并非如此。我的目标是通过长时间的学习和不间断的专注，深入理解事物的本质。"或许我们无法像高德纳一样排除所有干扰，专注于创造性工作，但我们仍可以从高德纳的选择中认识到专注力对创造性工作的重要性。

量子计算的先驱

彼得·肖尔：量子计算之父

彼得·肖尔（1938— ）

彼得·肖尔在量子算法方面做出了一系列开创性工作，最著名的是他在 1994 年提出的肖尔算法，这是一种使用量子计算机对数值很大的整数进行因数分解的高效算法，因此他也被誉为"量子计算之父"。

肖尔算法的提出在计算机科学和密码学领域引起了轰动。传统计算机在处理大整数分解时效率极低，尤其是当数字非常庞大时，需要花费极长的时间。而肖尔算法利用量子计算的并行处理能力，能在极短时间内完成计算。这意味着许多现行的加密系统（如 RSA 加密）将变得不再安全，因为它们依赖于大整数分解的计算难度来保证安全性。

横空出世的肖尔算法，不仅是对传统密码学的颠覆，更首次对此前的算法研究提出了挑战。肖尔算法通过应用量子态叠加等量子力学的独特原理，首次揭示了"量子优越性"，即量子计算机能够快速解决经典计算机在短时间内无法解决的问题（如大数的因数分解）。他通过严密的数学理论，证明量子计算机的性能远超经典计算机，并开创了量子算法研究这一全新领域。

如果说图灵、冯·诺依曼和 ENIAC 将人类带入电子计算机时代，那么肖尔及其算法就像来自未来世界的信使，让人们得以窥探量子计算与量子信息所蕴藏的巨大潜力。直至目前，我们仍无法预计量子计算与量子信息离我们究竟还有多远。

吴文俊：发掘中国古代数学中的算法明珠

吴文俊院士是我国著名数学家，在拓扑学、数学机械化、中国古代数学研究等领域均做出了卓越贡献，被誉为我国人工智能研究领域的先驱者之一。

作为我国现代算法研究的先驱者，吴文俊的数学研究生涯却始于拓扑学。早在 20 世纪 40 年代，吴文俊受业于几何学大师陈省身，并赴法国攻读博士，在拓扑学领域取得了一系列重要成果，包括以他名字命名的"吴公式""吴示性类"等，这些成果在如今的微分拓扑学中依然发挥着重要作用。

吴文俊（1919—2017）

20 世纪 70 年代，吴文俊转而开始研究中国古代数学，并系统整理了多种古代数学著作。经过数年潜心研究，吴文俊发现了中国数学与西方数学的重要区别——西方数学注重建立公理化的数学理论和严密的逻辑推导，而中国古代数学则着眼于发明各种巧妙的算法，以解决生产与生活中的实际问题。换言之，中国古代数学是算法发展的百科全书。受此启发，他开创性地提出"数学机械化"的思想，即通过计算机与算法实现数学定理证明和数学问题求解的自动化。

> 这一思想旨在将传统的数学方法与现代计算技术相结合，使复杂的数学计算和推理能够通过计算机自动完成。

吴文俊在数学机械化领域的代表性成果是"吴方法"。吴方法是一种基于符号计算的几何定理证明方法，通过对几何命题进行代数化处理，将几何问题转化为代数方程组求解的问题。该方法利用多项式方程组的消元理论，能够自动证明许多复杂的几何定理。吴方法的提出和发展，极大地推动了计算机几何定理证明的发展，被誉为数学机械化的奠基性工作之一。

吴文俊还提出了"吴消元法"。这是一种高效的多项式方程组求解方法，通过一系列代数变换，逐步消去方程中的变量，最终得到问题的解。该方法在计算机代数、符号计算领域得到广泛应用，成为计算机辅助设计、机器人控制和自动推理系统等领域的关键工具。

此外，吴文俊在数学教育和科研组织方面也做出了重要贡献。他长期领导中国科学院数学与系统科学研究院，积极推动数学研究和人才培养。他的工作不仅对中国数学发展产生了深远影响，也获得了国际数学界的高度评价。为纪念吴文俊在算法发展和数学机械化领域的重要贡献，中国人工智能学会于 2011 年设立"吴文俊人工智能科学技术奖"，该奖项被誉为"中国智能科技最高奖"。

姚期智：首位华裔图灵奖获得者与计算机教育开拓者

姚期智是我国著名计算机科学家。作为首位获得有着"计算机科学领域的诺贝尔奖"之称的图灵奖的华裔学者，他在算法的复杂性理论、随机算法、密码学、量子计算等领域做出了卓越贡献。

姚期智于 1946 年出生于上海。1972 年获得哈佛大学物理学博士学位后，他转而研究计算机科学，并于 1975 年获得计算机科学博士学位。他在 20 世纪 70 至 80 年代取得了一系列重要成果，其中最著名的是提出了用于分析随机算法复杂性的"姚氏架构"。这项工作是随机算法理论的奠基性工作，对计算机科学发展产生了深远影响。

在密码学领域，姚期智提出了"安全多方计算"（Secure Multi-Party Computation，简称 SMPC）的概念。SMPC 允许多个参与方在不泄露各自私有数据的情况下共同计算一个函数的值，在隐私保护和分布式计算中具有广泛的应用。

姚期智在量子计算领域的贡献也非常突出。他提出了用于分析量子电路复杂性的"姚氏原理"。该原理为理解量子计算的计算能力提供了新视角，成为量子算法设计的理论基础。他还研究了量子通信和量子密码学，并对这些新兴领域的发展产生重要影响。

除了具体的算法贡献，姚期智还提出了一系列具有深远影响的理论模型和概念。例如，他提出的"沟通复杂性"模型可用于研究两个或多个计算实体之间的信息交换效率，在分布式计算中具有重要应用，影响了计算机科学的多个子领域。

2000 年，姚期智荣获计算机科学领域的最高荣誉——图灵奖。他还先后当选为中国科学院院士和美国国家科学院院士。

在精深的理论研究之外，姚期智还致力于推动中国计算机科学教育的发展。他于 2004 年辞去美国普林斯顿大学的终身教授职位，回国入职清华大学，并于 2011 年起担任清华大学交叉信息研究院院长，创办了计算机科学实验班（即"姚班"），为我国培养了大批顶尖计算机科学人才。

姚期智（1946— ）

姚期智的工作不仅在理论上提供了强有力的保证，还为实际应用中的隐私保护提供了有效工具。

密码学的突破者

王小云：用算法破译"牢不可破"的密码

　　王小云院士是我国著名数学家、密码学家和信息安全专家，中国科学院院士。她在密码学领域，特别是在密码分析和密码设计方面做出了卓越贡献。王小云教授以其破解国际密码标准MD5和哈希算法SHA-1而闻名。

　　王小云本科时学习基础数学，硕士期间研究解析数论，后在导师潘承洞院士的指导下，转向彼时方兴未艾的密码学研究。1993年在山东大学获得博士学位后，她开始专注于加密算法与信息安全研究。为了兼顾科研与家庭，她将计算机等办公用品搬回家，每天晚上哄睡女儿后继续研究加密算法中重要的哈希函数。

王小云（1966— ）

　　2004年，王小云首次公开了对MD5哈希算法的攻击方法，证明了MD5并不像学界先前所认为的那样安全。王小云的研究表明，看似"牢不可破"的MD5算法存在严重的安全漏洞，攻击者可以通过构造碰撞（即找到两个不同的输入数据，使它们的输出值相同）来破坏其安全性。

> MD5是一种广泛使用的哈希函数，用于数字签名和数据完整性验证。

　　随后，王小云又成功破解了另一种广泛使用的哈希算法SHA-1。2005年，王小云和她的团队公布了对SHA-1的攻击方法，进一步揭示了SHA-1在抵御碰撞攻击方面的弱点。这一发现对全球信息安全标准的制定和改进产生了重大影响，推动了更安全的新一代哈希算法（如SHA-256和SHA-3）的开发，在全球范围内提高了电子通信的信息安全性。

> SHA-1是由美国国家安全局设计的，并被广泛应用于各种安全协议和系统中。

　　除了哈希函数分析方面的突出贡献，王小云还在密码设计方面取得了重要成果。她提出了多种新型密码算法，致力于提高密码系统的安全性和性能。她带领团队设计的SM3哈希算法和SM4分组密码算法成为中国国家标准，不仅在安全性上达到了国际先进水平，还拥有出色的计算复杂度，适用于金融、交通、电网、云计算等多种应用场景，为我国的信息与网络安全保驾护航。

> 每当我们使用数字签名或输入认证码时，我们的个人信息很有可能是被这些算法加密并保护。

　　谈及科研心得，王小云的态度朴实而乐观："虽然也经常发现走错了路，但是不必气馁。行不通时，就换个思路，换条路走。如果暂时找不到方向，就暂且把它放下，做点别的事。"

无处不在的算法

有趣的是，前面介绍的三位中国学者都是"半路出家"的算法学家——吴文俊早年以研究微分拓扑学成名，姚期智的博士论文研究的是粒子物理的数学模型，王小云在硕士阶段则专攻抽象的解析数论。他们都在各自原先的研究领域中感受到算法的美妙与力量，由此投身算法研究，最终做出开创性的贡献。

从他们的经历中可以看出，研究算法并不是修炼某种高深莫测的"偏门武功"，而是掌握一种横跨不同学科领域的通用语言，因为算法是解决某一类问题的通用法则。以姚期智为例，他在博士阶段研究量子物理，自然而然对量子计算和量子算法产生了浓厚兴趣，因为量子算法不仅使用量子力学原理来设计量子计算机，更有可能颠覆传统的密码学与通信学，对人类社会发展产生巨大的推动作用。

值得注意的是，学习算法并不意味着要"自废武功"，抛弃原有的知识体系。恰恰相反，算法研究往往"功夫在诗外"，许多数学、物理乃至人文学科的知识都可能为算法研究带来意想不到的启发。

物理学的馈赠

2021 年，在"京都奖"的获奖演讲中，姚期智回忆起博士时期学习物理学对他日后算法研究的帮助：

"早期的物理训练至少在两个方面对我有很大帮助。首先，我了解到好的理论在物理学中是什么样子的，比如经典的相对论和量子力学。在之后提出计算机科学的理论时，这对我有很大的帮助。我从物理学中受益的第二件事是它的务实精神。它教会我解决手头的特定问题。不管用什么方法，你都应该根据情况使用、学习或发明解决问题的方法，最终目标是解决问题。科学是对真理的追求。在这个过程中，我们会发现科学规律和科学的美，提升人类共同的精神。它还带来了创新，可以改善人类的现状，为未来所面临的挑战作好准备。"

同样地，算法研究的成果也可以反哺数学、物理、生物等学科，推动这些学科的飞跃式发展。2024 年，由人工智能研究机构 DeepMind 研发的 AlphaFold 算法，在蛋白质结构分析领域基本达到了世界顶级生物学家的水准就是一个例子。当我们开始系统学习算法时，可以根据自己的兴趣与特长选择研究算法本身，或者探索算法在各个领域与生活场景中的应用。无论选择哪一个方向，都有可能为科学进步与社会发展做出自己的贡献。

3 算法的应用

优化算法

你将了解:

寻找谷底问题

活动安排问题

智能导航问题

外卖配送问题

寻找谷底

在一个阴雨连绵的清晨,你在崇山峻岭间探险,计划从现在的位置(A点)前往山谷的谷底(P点)。然而当你准备出发时,暴雨倾盆,山谷里顿时浓雾弥漫,放眼望去,根本看不清谷底的方位,只能看到眼前的一小段路。请问你该如何找到通往谷底的路呢?

答案其实很简单:只要走好脚下的每一步,最后就一定能抵达终点!

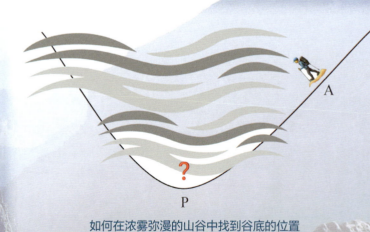

如何在浓雾弥漫的山谷中找到谷底的位置

这句话听起来很有道理，但具体怎样实现呢？当我们在出发点（A 点）时，虽然不知道谷底的位置，但只要观察 A 点处的山坡坡度（见下图中的红色箭头），并沿着坡度向前走一小步，就能来到下一位置（B 点）。在 B 点时，我们同样只要观察 B 点处的坡度，并沿着坡度向前走一小步，就能来到下一位置（C 点）。山坡的坡度越大，我们前进的步伐也就越大，反之亦然。

以此类推，我们沿着山谷的坡度一步一步前进，依次经过 B、C、D、E 等点。当我们逐渐接近谷底时，山坡的坡度会逐渐放缓，因此我们向前的步伐也会逐步缩短。当我们到达谷底时，山坡的坡度恰好为零，我们前进的距离也为零。此时，我们正好停在谷底的位置——即使我们无法通过观察山谷的全貌来确认这里是谷底！

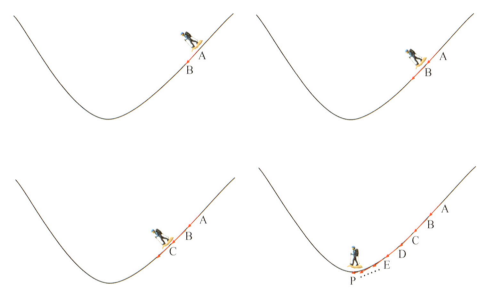

登山者从 A 点出发，运用梯度下降法确定接下来的方向，到达谷底

在现代算法术语中，这里的"山谷"通常代表一个复杂的函数，而"山坡的坡度"被称为"梯度"，代表函数在每个点的切线斜率，因而上面介绍的算法也被称为梯度下降法，当函数值表示某种成本（或收益）时，寻找函数最低点（或最高点）的算法也被称为优化算法。

> 沿着梯度逐渐下降，直到停在函数的最低点。

你也许会问：如何确保最后恰好停在最低点呢？万一步子迈得太大，一不小心跨过了最低点，怎么办呢？

有趣的是，即使我们不小心错过了谷底，我们最终仍会到达谷底！这也是梯度下降法最为强大的功能。如右图所示，假如我们从 A 点出发，一不小心跨过了谷底，来到了 B 点，此时山坡的坡度会改变方向（从向左变成向右），我们也会在 B 点转向，向前一步到达 C 点。此时山坡的坡度再次变成向左，以此类推。由于

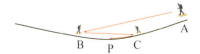

当我们跨过最低点时，梯度会改变方向，使我们越来越接近山谷的最低点

无处不在的算法

> 我们使用梯度下降法一步步走到了谷底。假如我们的目标是从山脚爬到山顶，是否能将梯度下降法改为梯度上升法来解决这个问题呢？

坡度始终指向谷底，即使我们经历了若干次转向，最后终将抵达谷底，这在算法中被称为"收敛"到最低点。

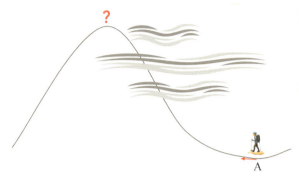

如何使用梯度上升法在浓雾中找到山顶的位置

尽管梯度下降法的原理十分简单，但它是目前功能最强大、应用最广泛的优化算法之一。近年来，训练人工智能模型逐渐成为梯度下降法最重要的应用之一。在训练人工智能时，山谷最低点通常对应着人工智能预测最接近真实数据的情况，因而梯度下降法可以帮助我们训练出最精准的人工智能模型，梯度下降法也因此成为算法学家的必备武器之一。

活动安排

明天是期待已久的校园运动会，此次运动会安排了多项不同时段的体育活动（如下表所示），每位同学需要报名参加。由于每次最多只能参加一个活动，我们该如何安排明天的时间表，使自己尽可能多地参与运动项目呢？

活动项目	开始时间	结束时间
跳绳	上午7点	下午1点
足球	上午8点	上午11点
骑马	上午8点	下午3点
篮球	上午10点	中午12点
射箭	中午12点	下午2点
网球	中午12点	下午4点
乒乓球	下午1点	下午5点
游泳	下午3点	晚上6点
排球	下午3点	晚上7点

想一想

根据上面的活动时间表，你最多能参加几个活动？你是如何安排时间的？

或许你认为我们应该对不同活动进行排列组合，然后找到活动数量最多的最佳方案。这当然可以，然而这种方法计算量太大，效率太低。其实，这个问题还有一种更简单、快速的解决办法，而解决问题的钥匙是一种化繁为简的贪心算法。

什么是贪心算法（greedy algorithm）？它又是如何"贪心"地解决复杂的问题呢？

我们以活动安排问题为例，贪心算法的计算步骤是这样的：

第一步，根据活动的结束时间，由先到后进行排序；

第二步，先选择结束时间最早的活动；

第三步，继续选择每一个与当前选择的活动不冲突且结束时间最早的活动；

第四步，重复第三步的过程，直到不能再选择更多活动为止。

按照上面的贪心算法，我们先将所有活动按结束时间的先后进行排序。在进行排序时，我们可以使用第一章学习的整体排序法（或局部排序法）。结果如下所示：

活动项目	开始时间	结束时间
足球	上午 8 点	上午 11 点
篮球	上午 10 点	中午 12 点
跳绳	上午 7 点	下午 1 点
射箭	中午 12 点	下午 2 点
骑马	上午 8 点	下午 3 点
网球	中午 12 点	下午 4 点
乒乓球	下午 1 点	下午 5 点
游泳	下午 3 点	晚上 6 点
排球	下午 3 点	晚上 7 点

先选择结束时间最早的活动——足球。

选择的活动项目	开始时间	结束时间
足球	上午 8 点	上午 11 点

无处不在的算法

第三步，由于足球活动在上午 11 点结束，下一个活动不能早于 11 点开始，因而排除了篮球和跳绳。在满足条件的其余活动中，我们就选择结束时间最早的射箭活动。更新后的时间安排如下所示：

选择的活动项目	开始时间	结束时间
足球	上午 8 点	上午 11 点
射箭	中午 12 点	下午 2 点

接下来，我们从不早于下午 2 点开始的活动中选择结束时间最早的游泳活动。

选择的活动项目	开始时间	结束时间
足球	上午 8 点	上午 11 点
射箭	中午 12 点	下午 2 点
游泳	下午 3 点	晚上 6 点

至此，我们发现没有其他活动在晚上 6 点后开始，时间安排也就确定了。

 想一想

上面我们使用贪心算法选择了三个活动（足球、射箭、游泳）。你是否有办法选择四个（或更多）时间不冲突的活动？你是否可以选择三种不同的活动组合？

其实，我们的确可以选择其他三种不同的活动组合，如篮球、射箭、游泳。

活动项目	开始时间	结束时间
篮球	上午 10 点	中午 12 点
射箭	中午 12 点	下午 2 点
游泳	下午 3 点	晚上 6 点

然而，我们无法选择四个（或更多）时间不冲突的活动。也就是说，贪心算法为我们选择了活动数量最多的时间安排作为最优解，尽管这个问题有若干不同的最优解。

那么你也许会问，上面的算法为何被称为贪心算法呢？

贪心算法的"贪心"之处在于，算法在每一步都会做出当前情况下最优的选择，从而期望最终结果达到全局最优。在上面的例子中，我们每进行下一步活动选择时，只需要选择剩余活动中结束时间最早的活动。即使我们需要从成千上万个活动中进行选择，也只需要选择下一个结束时间最早的活动，因此大大降低了计算的复杂度。

然而，贪心算法并不是万能的。它虽然使用起来非常简便，但并不能帮助我们解决所有的优化问题。对于一些简单问题（如活动安排），贪心算法能够迅速且准确地找到问题的最优解。而对于其他更为复杂且需要长远统筹规划的问题（如智能导航、下围棋等），使用贪心算法得到的结果可能与全局最优解相差甚远。

为什么会出现这种情况呢？究其原因，可谓"成也贪心，败也贪心"。贪心算法的主要缺陷在于它过于短视，只知道一味地追求局部、短期的利益，全然不顾整体、长期的利益。就像我们在规划自己的学习与生活时，同样不能贪图追求眼前短期的舒适与享受，而忘记了长期的学习计划与人生目标。贪心算法告诉我们：有时经历暂时的挫折与困顿，恰恰能使我们未来少走很多弯路，从而更容易实现长远目标。

智能导航

从前，当我们来到一个陌生的城市，想去名胜古迹、博物馆、动物园等场所游览，通常会购买一张地图，在地图上找到想去的地方，然后规划旅游路线。如今，智能手机的应用软件中通常会提供智能导航服务，我们只需要输入出发点和目的地，算法就能在一秒内找到最快的路线。其中使用了什么高效算法呢？

假设城市地图如右图所示。我们从 A 点出发，目的地是 E 点。从 A 点出发可直接到达 B 点与 C 点，所需时间分别是 3 分钟与 1 分钟。类似地，从 B 点出发可直接到达 D 点与 E 点，所需时间分别是 1 分钟与 3 分钟，以此类推。我们的任务是找到从 A 点出发到达 E 点的最短路线，这同样是一个路线的优化问题。

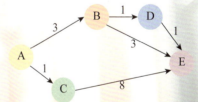

从 A 点出发到达 E 点的最短路线是什么？

从 A 点到 E 点的最短路线是哪一条？如果我们使用贪心算法，是否能找到最短路线呢？

答案是否定的。当我们从 A 点出发时，可以选择去 B 点或 C 点。在贪心算法中，我们会毫不犹豫地选择眼前最短的路线，即从 A 点前往 C 点。然而，到达 C 点后我们才发现，C 点到 E 点需要漫长的 8 分钟，因而路线所需的总时间（9 分钟）也显著长于所需的 5 分钟（这也是我们可选的最短路线）。

无处不在的算法

上面的例子生动地揭示了贪心算法的"短视"缺陷，即每一步只选择到达下一地点的最短路线，从而放弃了其他选择。虽然这是局部（短期）的最优选择，但并不是整体（长期）的最优选择。由于算法不会考虑整体的路程，最终使我们走了许多弯路。

1956 年，荷兰算法学家艾兹赫尔·迪杰斯特拉（Edsger Dijkstra）提出的迪杰斯特拉算法（Dijkstra's algorithm）成功解决了这一问题，这项开创性工作为他赢得了 1972 年的图灵奖。该算法的关键之处在于记录了从出发点到地图上每一点的最短距离，从而得以整体考虑地图全局。

下面我们来学习迪杰斯特拉算法的具体步骤。首先，我们需要准备一个笔记本，记录从 A 点到其他点的时长。由于 A 通往 B 和 C，我们在笔记本上先写下路线 AB 以及路线 AC 的长度，笔记被更新的部分用红色字体表示。

荷兰算法学家迪杰斯特拉（1930—2002）发明了寻找最短路线的通用算法

目的地	从 A 点到达该点的总时长	是否探索过
B	3 分钟	否
C	1 分钟	否
D	未知	否
E	未知	否

请注意，表格的第三列中我们将 B 与 C 都标记为"否"，是因为现在还不能确定从 A 到 B 最短的时长就是 3 分钟，需要在接下来的步骤中探索确认。这种通过反复探索并找到最优解的"耐心"算法，与之前学习的"贪心"算法有着本质区别。

接下来，让我们先去探索距离 A 点最近的 C 点。由于 C 通往 E，我们对 A 到 E 的总时长估计变为 9 分钟，即先由 A 到 C（1 分钟），再由 C 到 E（8 分钟），笔记更新如下：

目的地	从 A 点到达该点的总时长	是否探索过
B	3 分钟	否
C	1 分钟	是
D	未知	否
E	9 分钟	否

目前为止，我们得到的结果（9分钟）与贪心算法是一样的。然而，由于我们还没有完全探索其他路线并比较它们的总时长，无法确认这就是最短路线，因此我们还要继续进行探索。

下一步让我们探索 B 点，从 B 可以到达 D 与 E，我们便将 A 到 D 的总时长更新为 4 分钟。更重要的是，我们发现了一条从 A 到 E 的捷径，只需 6 分钟（A 到 B 需 3 分钟，B 到 E 也需 3 分钟），并将 A 到 E 的最短时长更新为 6 分钟，如下所示：

目的地	从 A 点到达该点的总时长	是否探索过
B	3分钟	是
C	1分钟	是
D	4分钟	否
E	6分钟	否

最后，我们仍需探索 D 点，从 D 同样可以到达 E，我们又惊喜地发现了一条由 A 到 E 新捷径，所需时长为 5 分钟（想一想，这是哪条路线？）。我们最后一次更新笔记如下：

目的地	从 A 点到达该点的总时长	是否探索过
B	3分钟	是
C	1分钟	是
D	4分钟	是
E	5分钟	否

至此，除了目的地 E 点外的所有地点都被我们探索过了。此时我们已经探索了所有从 A 到 E 的路线，并可以确定笔记上写的从 A 点到 E 点的最短时长 5 分钟就是整体长度最短的路线——这个答案是正确的。

除了智能导航外，迪杰斯特拉的最短路线算法在其他领域也有非常重要的应用。

一是游戏设计：在很多游戏中，角色需要找到从一个地点到另一个地点的最短路线。

二是网络路由：互联网数据包需要找到从发送端到接收端的最短路线，以提高传输效率。

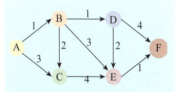

使用迪杰斯特拉算法，找出上图从 A 点出发到达 F 点的最短路线。

无处不在的算法

三是物流配送：物流公司需要优化配送路线，以节省时间和成本。

迪杰斯特拉算法与贪心算法最大的不同之处在于：前者要求我们使用笔记本记录从出发点到沿途所有地点的最短距离，并根据最新获取的信息不断更新已知的最短距离；后者仅需要每一步都选择去最近的下一个地点，不需要记笔记，也因此错失了全局的整体规划。像迪杰斯特拉算法这样通过记笔记不断更新全局信息的算法，一般被称为动态规划。其中"动态"意味着算法根据最新获取的信息不断更新最优解的情况，直到确定最优解。动态规划并非特指某个具体算法，而是一种最常用、最有效的优化算法设计思路，通常可以确保我们找到全局最优解。

你或许会问，我们是否能用动态规划的思路解决所有的优化问题呢？遗憾的是，虽然这在理论上是可行的，但对现实生活中的许多具体问题而言，动态算法的复杂度往往过高（因为我们需要记大量笔记），导致计算速度太慢，无法解决对计算速度要求很高的问题。例如下面介绍的外卖配送与路线规划问题，我们就需要设计更为高效的算法。

外卖配送

当我们通过外卖平台点餐时，或许不会想到平台每秒钟都会收到数以万计的新订单，需要迅速调度同样数以万计的外卖骑手前往不同餐厅取餐，并准时配送到每位用户手中。这究竟是如何实现的呢？

如此复杂的调度问题自然无法通过人工决策，因而使用自动化算法就至关重要。使用算法优化外卖订单配送，可以最大限度地提高效率，减少配送时间，降低配送成本。这些算法帮助外卖平台在面对大量订单和复杂道路情况时做出最佳决策，包括：

（1）订单分配：将不同订单分配给合适的配送员；

（2）路线规划：为每位配送员规划最佳配送路线，减少配送总时间；

（3）准时配送：确保每个订单都能在预定时间内送达，或尽量不超过预定时间；

（4）多重优化：在优化配送时间的同时，考虑配送成本、配送员工作负荷等因素。

假设外卖平台有四个订单需要配送（见左图）。目前，配送员正在餐厅等候取餐。餐厅位于地图左下角，四个订单的地点如左图所示。我们需要为配送员规划最佳配送路线，使其能用尽可能短的总时长配送所有订单，并最终返回餐馆准备配送下一批订单。

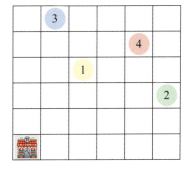

58

	订单 1	订单 2	订单 3	订单 4
餐厅	3.6	5.4	5.1	5.7
订单 1	–	3.6	2.8	2.8
订单 2	–	–	5.4	2.2
订单 3	–	–	–	3.6

如果使用动态规划算法，我们需要依次探索所有不同的配送路线，并将每条路线的总距离记在笔记本上进行比较，例如：

配送路线	路线总距离
1→2→3→4	21.9 公里
1→2→4→3	18.1 公里
1→3→2→4	19.7 公里
……	……

当我们依次探索 24 条不同路线后，最终才能找到外卖员的最短配送路线。

然而，随着需要配送的订单越来越多，算法要搜索更多送餐顺序的排列组合，计算时间也急剧增加，以至于无法在短时间内完成计算。假如有 10 个订单需要配送，算法要搜索 360 万（即 10 的阶乘 10! ）条不同路线。假如有 15 个订单需要配送，算法则要搜索 1.3 万亿（即 15 的阶乘 15! ）条不同路线，这显然无法快速完成。

不仅如此，外卖配送路线的优化问题通常被称为"旅行商问题"。算法学家已经证明，这个问题属于所有算法中最难解决的一类问题，即是我们在第一章学习过的 NP 问题。简单来说，NP 问题的算法复杂度随着输入数据的增加而呈指数级增长。即便我们的算法可以优化 5 个订单的配送路线，但绝对无法优化 10 个以上订单的配送路线，因此算法的有效性十分有限。

前面我们学习了寻找最短路线的迪杰斯特拉算法。那么我们可以用这个算法解决外卖配送路线的优化问题吗？

答案是否定的。问题的关键在于思考"外卖配送"和"寻找最短路线"这两个问题的本质区别。如果使用迪杰斯特拉算法优化外卖配送路线，结果又会如何呢？

至此我们遇到了算法学习过程中的最大危机：外卖配送问题无法通过任何优化算法精确、快速地找到最优解！我们是否应该知难而退呢？

算法学家的回答是：既然无法找到精确的最优配送方案，那就退而求其次，找到一个离最优方案相差不太远的次优方案。这样的次优方案通常被称为算法的"近似解"。另外，既然无法搜索所有可能的方案，不如随机猜几个答案，再从中找出最优解作为问题的近似解。

无处不在的算法

你也许会抱怨，又要找近似解，又要猜答案，得到的结果一定不会很好。然而事实恰恰相反！当我们在算法中使用"猜答案"的随机原理时，算法的运行时间大大降低，但仍然能找到极为接近最优方案的结果，有效解决日常生活中的重要问题，如外卖配送优化。以 ChatGPT 为代表的人工智能大模型技术，其关键也在于使用随机性算法，从而生成丰富多彩的图片与文字内容，甚至能完成简单的逻辑推理与交叉联想。

下一节，我们将进入随机算法的世界，学习如何用掷骰子、猜答案的方式解决算法问题。

华罗庚与统筹法和优选法

华罗庚（1910—1985）在湖北宜昌制药厂指导优选法

本章中我们学习了许多有趣而高效的优化算法。其实早在 20 世纪 60 年代，我国著名数学家华罗庚就针对我国国情设计了一系列优化算法——优选法与统筹法，并在接下来几十年里致力于推广这些优化算法，为提升我国工业生产效率做出了杰出贡献。

20 世纪 50 年代初期，我国经济建设面临严峻挑战。当时中国正处于工业化和现代化的初期，百废待兴、资源匮乏、技术落后，且面临西方的技术与资源封锁。如何在极其有限的资源条件下提高生产效率，成为科学家亟需解决的重大问题。

有感于此，华罗庚毅然放弃了他热衷的解析数论研究领域。从 1965 年开始，他带领团队在全国范围内开展优选法和统筹法的推广工作，深入各地工厂、矿山和工地，亲自指导优化方法的应用。他提倡"从实际问题出发，运用数学工具解决问题"，在多个行业内推广优选法和统筹法，取得了显著的效果。例如，江苏省在 1980 年半年时间实际增加产值 9500 多万元，节约 2800 多万元，节电 2038 万度，节煤 85000 吨，节石油 9000 多吨。四川省推广"双法"，5 个月增产节约价值 2 亿多元。

华罗庚曾说："人有两个肩膀，我要让双肩都发挥作用。一肩挑起'送货上门'的担子，把科学知识和科学方法送到工农群众中去；一肩当作'人梯'，让年轻一代搭着我的肩膀攀登科学的更高一层山峰，然后让青年们放下绳子，拉我上去再做人梯。"

华罗庚作为科学家的社会责任感与杰出贡献，使其无愧于"人民数学家"的称号。

对于这段历史感兴趣的读者，推荐阅读华罗庚所著的《优选法与统筹法平话》，以及华罗庚弟子、著名数学家王元撰写的《华罗庚传》。

你将了解：

如何通过抛硬币计算圆周率

寻找最低的谷底

翻越山峰的模拟退火法

物理学与算法的美妙邂逅

如何通过抛硬币计算圆周率

如果说优化算法像格律严谨、简洁优美的诗歌，那么随机算法更像变魔术——只需重复简单的计算，多"猜答案"，就能轻松得到复杂计算难以获得的结果。

要想完全理解随机算法背后的"魔术原理"，我们需要更多的数学知识（如微积分、概率论）。但我们可以通过下面的小活动先来感受随机算法的奇妙之处。

无处不在的算法

通过抛硬币计算圆周率

在数学课上，我们一般会通过测量圆的半径和周长来计算圆周率 $\pi \approx 3.1415926$。其实，我们也可以利用一种更为简便的随机算法。所需材料非常简单：一枚硬币、一张 A4 纸、一支铅笔和一把尺子。

第一步：测量硬币的直径 d。

第二步：用尺和笔在纸上画出多条平行线，平行线间距 D 是硬币直径的 2 倍（$D = 2d$）。

第三步：多次抛硬币（最好不少于 100 次），让硬币落在纸上，并记录硬币穿过纸上任何一条直线的总次数。

第四步：用硬币穿过直线的总次数除以抛硬币的总次数，得到硬币穿过直线的概率 p。假如你抛了 10 次硬币，其中 7 次穿过直线，$p = \frac{7}{10} = 0.7$；假如你抛了 100 次硬币，穿过 50 次，$p = \frac{50}{100} = 0.5$，以此类推。

第五步：用一个非常简单的公式计算圆周率，$\pi = \frac{4}{p}$。

按照以上步骤抛 100 次硬币，记录下第 10 次、第 20 次直到第 100 次抛硬币后得到的圆周率数值。如果你的操作正确，你得到的数值将不断接近真实的圆周率 $\pi \approx 3.1415926$！如果你想要得到更精确的结果，你只需继续抛硬币，并重复计算。

严格来说，随机算法并不是某一种具体算法，而是设计算法的一种思路。其简单的计算流程非常适用于计算机进行大量重复计算，甚至可以用多台计算机并行计算，最后将结果汇总。我们也就不难理解，为何随机算法与电子计算机几乎同时被发明。随机算法目前被广泛应用于数值计算以及人工智能，如训练阿尔法狗下围棋（见本章第三节）。

这个例子展示了随机算法最重要的特点：不断重复简单的计算，将计算结果汇总后，得到的结果将趋近于一个复杂计算的答案。计算次数越多，得到的答案就越精确。这种通过模拟大量随机过程并利用其结果进行数值计算的算法通常被称为蒙特卡洛算法（Monte Carlo algorithm），在计算物理、金融、人工智能等领域有着重要的应用。

你也许会问：为什么不直接完成那个复杂的计算并得到精确的答案呢？原因在于许多复杂的计算往往是无法完成的。例如在下围棋时，如果想要尝试下一步棋的所有可能性，以及再下一步棋的所有可能性（以此类推，直到分出胜负），需要电子计算机运算几十亿年才能找出最有可能成功的选择，因此我们可以认为这是无法完成的计算。然而，如果随机尝试 1000 种不同的下法，我们很有可能只需几秒钟就能找到那个几乎是最好的选择。

你也许还会问：随机算法的结果有着很强的"随机性"与"不确定性"（比如每次抛硬币、掷骰子的结果都是随机的），如何确保随机的结果会无限接近真实的答案？

做一做

从随机性中发现确定性

拿出一枚硬币反复抛掷，记录结果为硬币正面的次数。在抛掷 10 次、20 次……100 次时，计算结果为硬币正面的概率。假如你抛了 10 次硬币，看到 7 次正面，$P = \dfrac{7}{10} = 0.7$；假如你抛了 100 次硬币，看到 66 次正面，$P = \dfrac{66}{100} = 0.66$，以此类推。

接下来，我们来观察结果为硬币正面的概率的变化。当抛掷次数较少时，随机性非常大，因此概率波动很大。然而，当我们多次抛掷硬币后，会发现看到结果为硬币正面的概率逐渐接近 0.5，也就是真实的结果为正面的概率，并且维持在 0.5 附近！

这个实验告诉我们，当我们不断积累充满随机性的实验结果时，我们会逐渐发现一个确定性的数值：0.5。如果你觉得不可思议，可以通过掷骰子重复上面的实验。以同样但更复杂的计算方式，从随机性中发现确定性，正是随机算法的"魔术原理"！

这个切中要害的问题正是破解随机算法"魔术原理"的关键！想要得到完整的解答，我们需要使用高等数学与概率论。然而，我们同样可以通过一个简单的实验一窥其中的奥妙。

寻找最低的谷底

在本章第一节中，我们介绍了寻找简单函数最小值（谷底）的梯度下降法。然而，在许多实际问题中，我们需要优化的函数不只有一个谷底，而可能有成千上万（甚至更多）个谷底，谷底之间被山峰阻隔。如下图所示，这个函数就有四个谷底（A、B、C、D 四点），每个谷底都被称为局部最优解，因为在每个谷底附近都没有比其更低的点。其中，B 点是整个函数的最低点，我们称之为全局最优解。

当我们不知道函数形状时，我们应该如何准确地找到全局最优解呢？

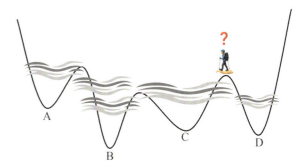

如何在多个局部最优解（A、B、C、D）中找出全局最优解（B 点）

无处不在的算法

答案当然是随机算法！我们的函数有四个谷底（A、B、C、D）。如果我们从任意一个山谷内的某个起点出发，使用梯度下降法滑下山谷，最终一定能抵达某个山谷的谷底，即得到一个局部最优解。现在，让我们随机选择起点，那么一次就能找到全局最优解的概率是四分之一（因为有四个相同概率的选项，见下图）。

当我们重复 10 次后，找到全局最优解的概率已然增长到 $1-（1-25\%）^{10} = 94.3\%$。

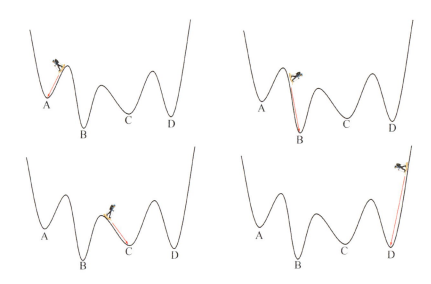

随机选取起点并使用梯度下降法，大约有四分之一的可能性找到全局最优解 B

当我们重复 30 次后，找到全局最优解的概率则是惊人的 $1-（1-25\%）^{30} = 99.98\%$！在很多实际问题中（如外卖配送优化），我们几乎可以确定得到的答案是全局最优的。

翻越山峰的模拟退火法

和上面寻找谷底的随机算法一样，模拟退火法（simulated annealing）也是一种寻找全局最优解的随机算法。不同的是，梯度下降法只能沿着山坡一路下降到谷底，而模拟退火法则能向上翻越山峰，直到找到被山峰阻隔的那个最低的谷底（即最优解）。

模拟退火法究竟是如何翻越山峰的呢？答案当然是随机算法！

假如我们从 P 点出发，目标是到达最低的谷底（B 点），如下图所示。如果使用梯度下降法，那么我们只能沿着山坡的坡度（红色箭头）下降，直到谷底 C 点。由于 C 点并不是全局最优解，我们并没有找到正确答案，因此需要进行下一轮尝试。

当我们使用模拟退火法时，则需要掷一枚硬币，如果硬币正面朝上，我们将沿着坡度的相反方向（蓝色箭头），向山坡上方前进一步，并远离 C 点。反之，如果硬币背面朝上，我们沿着红色箭头向 C 点前进一步。之后的每一步也同样如此。

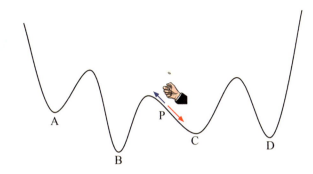

从 P 点出发使用模拟退火法，我们有一定可能性翻越山峰到达 B 点

模拟退火法大致分为两个阶段：探索阶段与收敛阶段。在探索阶段，我们会翻越一座又一座山峰，并探索不同的山谷，直到接近最低的山谷。在收敛阶段，我们将沿着山谷的坡度下降，直到最低点。由于模拟退火法在最初探索阶段会搜索不同的谷底，因此它比梯度下降法更为灵活，效果也更好。模拟退火法被广泛应用于各类组合优化问题，如旅行商问题、背包问题等。此外，它还被用于人工智能中的模型优化、神经网络训练、图像处理、物流规划等领域，包括上一节中的外卖配送优化问题。

模拟退火法的神奇之处在于借用了物理学中的"温度"概念。在算法开始的阶段，我们处于较高的温度，此时有更大的可能性向上翻越一座山峰，并不断探索不同的谷底。随着算法的进行，温度逐渐降低，我们向上翻越山峰的可能性越来越低，反而更有可能沿着山坡下降。此时，模拟退火法与梯度下降法的效果几乎是一样的。

物理学与算法的美妙邂逅

随机算法自诞生之初就与物理学有着美妙的不解之缘。历史上第一个随机算法（蒙特卡洛算法）就是在二战期间美国研制原子弹时诞生的。此外，随机算法与物理学之间似乎有着共生共荣的关系——我们既可以使用物理学原理设计新的随机算法，又能利用随机算法（如蒙特卡洛模拟）解决物理学中的复杂计算与优化问题。

除了上面介绍的模拟退火法巧妙地化用了材料物理学中的金属"退火"现象，还有许多十分有趣的随机算法来自物理与生物学的模型。

（1）遗传算法：模拟生物进化过程中的自然选择，通过选择、交叉、变异等操作，不断生成新解，并逐步进化到较优解。

（2）蚁群算法：模拟蚂蚁寻找食物的行为，蚂蚁在行进路径上留下信息素，信息素浓度越高的路径越有可能被其他蚂蚁选择，从而有效地找到近似最优解。

（3）粒子群优化算法：模拟鸟群觅食行为，鸟群中的个体通过个体经验和群体经验来调整自身位置，从而寻找最优解。

姚期智：从随机算法到图灵奖

在本书第二章，我们介绍了我国计算机科学家姚期智在算法研究与计算机教育领域的杰出贡献，而他最为重要的学术成就之一恰恰是对随机算法的开创性研究。巧合的是，姚期智是理论物理学博士，他在博士研究期间与随机算法结下了不解之缘。

1977 年，姚期智提出了随机算法分析的核心原理——姚氏极小极大原理（Yao's minimax principle）。这一原理建立了随机算法与确定性算法在最坏情况下的关系，指出最优的随机化算法在最坏情况下的表现不会逊色于最优的确定性算法。

姚期智创造性地使用经济学中的博弈论原理来分析随机算法，将随机算法看作算法和数据之间的博弈。算法可以根据数据选择如何随机移动，而数据则可以选择分布方式，从而使算法的运行变得更加困难。正是这一关键思想奠定了随机算法分析的理论基础。

此外，姚期智在伪随机数生成领域也作出了至关重要的贡献。1982 年，他提出了姚氏测试（Yao's Test），通过计算难题生成伪随机数，这一方法在现代密码学中得到了广泛应用。这类伪随机数生成器能够在没有真正随机性的情况下模拟出足够安全的随机性，为许多加密系统的安全性提供了保障，也确保了随机算法的安全性与稳定性。

凭借在随机算法、算法复杂度以及量子信息等领域的杰出贡献，姚期智于 2000 年荣获图灵奖。在总结自己多年的治学经验时，姚期智认为："做研究最好的方法是提出深刻、大胆和关键性的问题。如果你能提出好问题，那么就一定会做好研究，得出对学术界来说实用且有重大意义的结论。"

人工智能算法

你将了解：

神经网络的原理

深度学习

生活中的人工智能算法

前两节中我们学习了各种优化算法与随机算法，它们的共同点在于算法的每个步骤都是确定的，计算机只需根据步骤计算，就能得到最终的答案。

举个例子，假如我们想创造一种算法来计算一个小球的运动轨迹。在传统算法中，我们需要知道小球的初始位置与速度（输入值），然后根据牛顿运动定律（算法步骤）进行计算，就能准确得到它下一秒的位置（输出值）。

人工智能算法却完全不同。当我们设计人工智能算法时，并不知道具体计算步骤。反之，我们需要准备大量数据，每个数据对应着算法的某个输入值（小球的初始位置与速度）与输出值（小球下一秒的位置）。下一步，我们会利用这些数据来发现算法的计算步骤，就像牛顿通过观察苹果的运动（数据）推导出牛顿定律（算法），使算法的输出结果符合数据中正确的输出结果。这一过程通常被称为人工智能的"训练"阶段。

更形象地说，普通算法就像我们在课堂上学习牛顿定律，并将其用来解决物理问题，而人工智能则更像牛顿，通过分析大量数据，就能从数据中总结、发现牛顿定律。

当我们完成人工智能的"训练"阶段后，算法事实上已通过观察、总结大量的数据，自主"发

无处不在的算法

现"或"学会"了牛顿运动定律——尽管我们在训练它的过程中从未用到过牛顿定律。由于这类算法能自主发现隐藏在海量数据中的规律，我们通常将其称为机器学习（machine learning）或人工智能（artificial intelligence）。目前，人工智能被广泛应用于发现比牛顿定律更为复杂的数据规律，例如人脸识别、下围棋、自动驾驶等，在许多领域达到了接近甚至超越人类水平。不过究其本质，人工智能是一种通过分析海量数据，发现其中隐藏的规律，并利用这些规律进行精确预测的算法。

神经网络的原理

如此神奇的人工智能算法究竟是如何实现的呢？秘密就藏在一种名为神经网络（neural network）的特殊算法结构中。虽然神经网络的功能非常强大，但其基本构造与数学原理却异常简单。读完本节后，我们将了解神经网络的基本原理，并能设计简单的神经网络。

构造一个神经网络只需要两个基本要素：线性函数与激活函数。

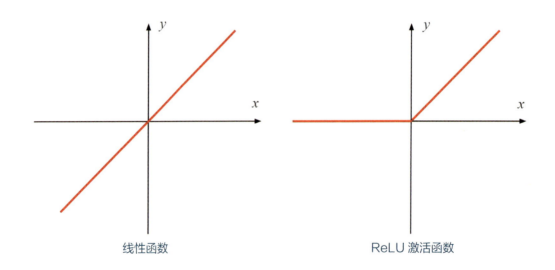

线性函数　　　　　　　　　　　ReLU 激活函数

什么是线性函数

在中学数学里，我们学过单变量的线性函数 $f(x) = ax + b$，其中 x 是函数的自变量，a，b 则是函数的参数。当 $a = 0$，$b = 1$ 时，函数 $f(x)$ 的图像是一条水平直线。当 $a = 1$，$b = 0$ 时，函数图像则是一条倾角 45° 的斜线。在设计人工智能算法时，我们并不知道参数 a，b 的具体数值，而训练人工智能的过程就是通过数据确定这些参数的数值。

什么是激活函数

与线性函数相反，激活函数是非线性的，也就是说它的函数图像不是一条直线。人工智能使用的激活函数有很多种，目前最常用的是 ReLU 函数（见上图）。ReLU 函数的定义十分简单：当函数的自变量 $x > 0$ 时，ReLU 函数值等于自变量本身，即 $ReLU(x) = x$；当自变量 $x < 0$ 时，ReLU 函数值始终为零，即 $ReLU(x) = 0$。

令人惊讶的是，当我们像搭积木一样把大量（数以亿计）线性函数与激活函数组合到一起后，它们构成的神经网络能捕捉到数据中蕴含的丰富信息，可进行逻辑推理，甚至在某些场景中展现出接近于人类的"智慧"。这究竟是为什么呢？

让我们从一个简单的例子入手。假设我们有两个变量"天气"与"温度"，分别用 x 与 y 表示。更具体地说：

$x = 1$ 代表今天是晴天，$x = 0$ 代表今天是雨天。

$y = 1$ 代表今天很热，$y = 0$ 代表今天很冷。

我们的任务是让神经网络学到"今天是晴天并且天气很热"这个信息。换句话说，我们希望它学习的函数是一个简单的乘积 $f(x, y) = x \times y$。

有一种解决问题的思路是这样的。我们注意到 $f(x, y) = 1$ 当且仅当 x，y 都等于 1 时才成立，而其他三种情况下 $f(x, y)$ 都等于 0。也就是说，只有 $x + y = 2$ 时，$f(x, y)$ 才等于 1，由此我们可以通过 $x + y$ 的数值来计算 $x \times y$，方法如下：

$$f(x, y) = x \times y = ReLU(x + y - 1) + 1$$

最后，我们可以直观地将这个函数画成一个双层神经网络：

> 如何只用线性函数与激活函数表示这个非线性的乘积呢？

> 作为小练习，请根据 ReLU 函数的定义，验证 ReLU $(x + y - 1)$ 确实等于 $x \times y$。

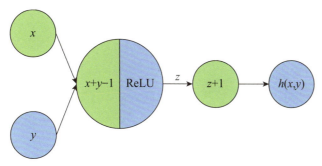

用来学习乘积关系（$x \times y$）的双层神经网络

> 为简单起见，我们选择用字母 z 表示 ReLU $(x + y - 1)$ 的计算结果

无处不在的算法

在上面的例子中，神经网络学会了逻辑学中的"与"逻辑，也就是说它学会检查两个条件是否同时成立（今天是晴天，今天高温）。你能否用类似的办法，让神经网络学到下面的知识呢？

1. x 与 y 的数值相等（今天是晴天高温，或今天是雨天低温）

2. 逻辑学中的"非"逻辑（今天不是晴天）

3. 逻辑学中的"或"逻辑（今天是晴天，或今天高温）

4. 逻辑学中的"异或"逻辑（今天是晴天，或今天高温，但两者不同时成立）

图中的每个圆代表的计算模块被称为一个"神经元"（neuron）。之所以将其称为双层神经网络，是因为在最初的输入 x, y 到最终的结果之间有两层神经元，分别是 $x + y - 1$ 与 $z + 1$。

为更好地展示如何将简单的神经网络组合成更复杂、更强大的神经网络，让我们来构造一个新的神经网络，检查 x 与 y 的数值是否相等。

第一步，检查 x 与 y 的数值是否都等于 1，其神经网络为

$$f(x, y) = \text{ReLU}(x + y - 1) + 1;$$

第二步，检查 x 与 y 的数值是否都等于 0，对应的神经网络为

$$g(x, y) = \text{ReLU}(1 - x - y) + 1;$$

第三步，检查函数 $f(x, y)$ 与 $g(x, y)$ 的数值是否有一个等于 1，其对应的神经网络为：$h(x, y) = f(x, y) + g(x, y)$。

我们同样可以将这个算法转换为下图所示的双层神经网络。

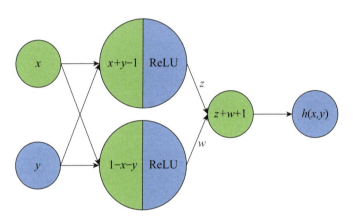

用来检查 x 与 y 的数值是否相等的双层神经网络

从神经网络到深度学习

通过上面的例子，我们了解到如何让神经网络学会基本的逻辑关系（与、或、非）。当神经网络掌握了这些逻辑关系后，它就拥有了简单的"逻辑思维"能力。如果希望神经网络进行更复杂的逻辑推理与数据分析，我们只需要将这些简单的神经网络结构作为独立的单元进行组合，从而创造出更深（神经网络层数）、更宽（每层神经元个数）、功能更强大的"深度"神经网络（deep neural network）。由此我们来到深度学习领域。

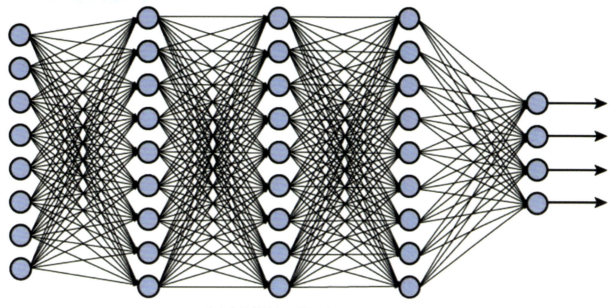

由许多简单神经网络构成的深度神经网络

在深度学习刚刚兴起的 20 世纪 60 年代，该领域的许多研究者是神经科学家（而非算法学家），他们的目标则是用神经网络模拟人脑的记忆与思维能力。人脑中的神经元结构并不复杂，神经元之间传递信息的方式也早已被科学家掌握。但当 860 亿个神经元构成一个普通人的大脑时，人脑多种强大而复杂的功能（记忆、推理、想象、联想）则远未被我们理解。类似地，虽然神经网络中的每个神经元只是由线性函数与激活函数两部分构成，但当 1760 亿个参数构成 ChatGPT 中的神经网络时，它所涌现的多种能力（对话、画图、解决数学题）也远远超出了每个神经元的能力，这正是深度学习的神奇之处。

深度学习的另一大特点是算法设计的重要性降低，训练人工智能所需的数据量与计算力则变得愈发关键。通常情况下，对神经网络的结构进行调整（如添加若干神经元）并不能显著提高它的能力，但如果增加训练使用的数据量与计算速度（如使用 GPU）则能快速并大幅提高算法的准确度。因此，训练新一代人工智能模型需要消耗大量的金钱与资源，并且逐渐成为只有少数实验室与大型企业才能完成的任务。人工智能研究与开发也逐渐从"百花齐放"的开放领域变成由少数机构垄断的专门领域。

神经网络的前世今生

你知道吗？神经网络在20世纪很长一段时间内，曾被算法学界认为是没有实用价值的落后算法。这究竟是为什么呢？它又是如何"逆袭"成为如今人工智能最重要的算法的？

早在人工智能研究初期的20世纪50年代，研究者就提出了神经网络的雏形——多层感知机（multi-layer perceptron），并证明它可以学习任意的函数关系。当时多层感知机的原理被认为更好地模拟了人脑结构，因此采用了"神经元""神经网络"等脑科学的专业名词来描述算法中的数学运算。然而，多层感知机的缺陷也是显而易见的——它的复杂度过高，需要大量的数据才能训练，而训练的过程非常缓慢。久而久之，多数学者对多层感知机失去了兴趣，使其成为一个冷门研究领域。

转机出现在20世纪80年代。杨立昆等学者先后对神经网络做出了重要改进，使其性能大幅提升，而训练的时间则大幅下降，终于可以运用在实际问题中。有趣的是，在发表神经网络的研究论文时，由于原先的"多层感知机"已被大多数人认为是过时的算法，于是他们选择新瓶装旧酒，将"多层感知机"改名为"神经网络"，并将训练神经网络的算法命名为"深度学习"，以突出其多层神经元的结构特点。

人工智能领域杰出学者：杨立昆（上）、辛顿（中）与本吉奥（下）

在这一时期做出重要贡献的三位学者杨立昆（Yann LeCun）、杰弗里·辛顿（Geoffrey Hinton）与约书亚·本吉奥（Yoshua Bengio）荣获2018年图灵奖。也许他们当时没有想到，在30年后，"深度学习"会成为训练人工智能最重要的模型（恐怕没有之一），引领人类新一轮的科技进步。

人工智能算法案例

自动驾驶技术

想象一下，你坐在一辆没有方向盘与脚踏板的车内，时而悠闲地欣赏窗外风景，时而沉浸在阅读或观影中。这不是未来科技的幻想，而是人工智能在自动驾驶领域的现实成果。

自动驾驶技术的关键在于其敏锐的"眼睛"与聪明的"大脑"。自动驾驶车辆拥有多双"眼睛"，包括摄像头、电子雷达和激光雷达。这些传感器让汽车能实时感知周围车辆、行人、交通标志和道路状况。通过这些设备，汽车像一个全天候的摄影师，无论是在复杂的路况还是恶劣的天气条件下，都能精准地观察周围的环境，注意到潜在的安全隐患。

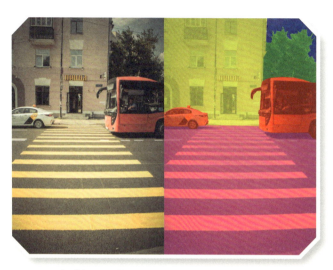

自动驾驶汽车通过人工智能算法识别物体，并计算它们的位置、速度和距离

自动驾驶车辆的"大脑"是一个高度复杂的人工智能系统，每时每刻都在处理从传感器收集到的各种数据，识别视野中的不同物体，并计算它们的位置、速度和距离，就像人类司机分析路况一样。通过深度学习模型的训练，人工智能系统不断完善对各种驾驶场景的反应能力。在封闭的测试环境中，模型先学习基本的驾驶技能，然后在模拟的真实世界条件中进行数百万次迭代训练，以应对突发事件和复杂场景，从而提高决策的准确性和速度。

谷歌的自动驾驶项目 Waymo 是一个著名的成功案例。Waymo 的车辆在美国多个城市进行了公开测试，展示了其处理复杂城市交通情况的能力。这些车辆能够独立导航，安全地与其他车辆、行人和骑车人共享道路。安全记录表明，Waymo 车辆在数百万英里的行驶中事故率极低，这证明了自动驾驶技术的安全性和可靠性。2024 年，我国的萝卜快跑公司已在全国 11 个城市开放载人测试服务，开启了我国全无人自动驾驶运营的新时代。

无处不在的算法

下围棋的 AlphaGo

起源于我国的围棋拥有数千年历史，以其艰深的复杂性而闻名于世。一个标准的围棋棋盘上可能出现的棋局个数约为 10 的 170 次方，远超目前观测到的宇宙中的原子个数（约 10 的 80 次方），因此，许多人认为没有计算机程序能够掌握围棋的奥秘，因为棋局变化的可能性几乎是无限的。然而，2016 年 DeepMind 公司开发的人工智能算法"阿尔法狗"（AlphaGo）横空出世，彻底打破了人类在围棋领域的"垄断"地位。

DeepMind 团队使用"强化学习"算法训练 AlphaGo，使其能在复杂的、不确定的环境中做出最优决策。具体来说，强化算法让 AlphaGo 通过试错来学习：下一步棋，观察结果，然后根据结果的好坏调整策略。这就像训练小狗：每当小狗做出正确的行为，它就会得到奖励，反之则会受到惩罚。2016 年，AlphaGo 挑战韩国顶尖棋手李世石，以四胜一负的优势胜出。这场对决的结果震惊了世界，因为 AlphaGo 不仅轻松战胜人类顶尖棋手，还在比赛中创造了前所未有的棋局定式与制胜策略，看起来真正具有了"智能"。2017 年，升级后的 AlphaGo 又以 3∶0 的成绩战胜了世界冠军柯洁。

继 AlphaGo 在围棋上超越人类后，DeepMind 团队于 2018 年推出更先进的版本——AlphaZero。不同于 AlphaGo 依靠人类棋谱学习，AlphaZero 仅仅依靠自我对弈的方式，从零开始学会了围棋、国际象棋和日本将棋，展现了令人难以置信的强大学习能力，并以 100∶0 的战绩轻松击败 AlphaGo，进一步拉大了与人类棋手的差距。

对 AlphaGo 感兴趣的读者，推荐观看 2017 年由网飞公司拍摄的同名纪录片《AlphaGo》。

AlphaGo 战胜人类顶尖棋手李世石（左）与柯洁（右）

ChatGPT 与大语言模型

2017 年，在战胜人类世界冠军后，AlphaGo 宣布退役。此后数年间，人工智能研究领域迎来新一轮突破性发展，最具代表性的是 2022 年 OpenAI 公司研发的 ChatGPT。它像人类一样可以与用户自由对话，并帮我们快速修改文章、生成图片，甚至编写复杂的计算机程序，标志着人工智能技术从 AlphaGo 这样的专业领域模型，逐步向与人类智慧无异的通用人工智能迈进，激发了人们对未来的无限想象。

ChatGPT 是一种大语言模型（large language model，简称 LLM）。大模型之"大"主要体现在三个方面：模型内包含数以万亿的参数，训练模型使用海量数据，以及需要消耗巨大的计算资源（芯片与能源）。训练 ChatGPT 的过程就是让它浏览人类几乎所有的书籍与互联网。在此过程中，ChatGPT 逐渐学会如何使用语言，并完成问答、文章修改等任务。

简单来说，大语言模型的工作原理类似英语考试中的完形填空。如果我们对 ChatGPT 说："今天天气真好，我很想去……"，它会根据浏览过的所有大数据，预测下一个可能出现的词（如"公园"）。而当我们问它一个问题，如"中国的首都是哪里？"，它也会将这个句子作为开头，不断预测下一个最可能出现的词，依次是"中国""的""首都""是""北京"，最终生成回答：中国的首都是北京。

就像牙牙学语的幼儿，ChatGPT 在学习过程中也会遇到困难。它有时会误解我们的意思，或者给出一个不正确、不恰当的回答。尽管学习了海量的数据，但它并不能完全理解人类复杂的情感以及微妙的语言（如幽默、讽刺等）。为了帮助 ChatGPT 更好地理解和回答人类的问题，算法学家们通过补充更多的学习资料并调整算法持续为它"补课"，让它变得更聪明、更善解人意，成为人类更得力的助手。

探讨人工智能与人类未来的书籍有很多，在此特别推荐迈克斯·泰格马克（Max Tegmark）著，汪婕舒译，《生命 3.0：人工智能时代，人类的进化与重生》（2018 年），作者迈克斯·泰格马克是美国麻省理工学院物理系教授，研究方向为宇宙学以及从物理视角理解人工智能的原理。该书以宏观的视角，探讨人工智能在未来 100 年到 10 亿年对人类的影响，兼具思想性与趣味性。

量子算法

你将了解：

"薛定谔的猫"与"量子叠加态"

量子密码破译

量子计算的未来

上一节中我们学习了神奇的人工智能算法，其中一些算法已经接近乃至超越了人类的能力。然而，算法学家发现即使再聪明的人或再先进的人工智能，也无法快速解决某些特定的算法问题（如破译 RSA 密码系统）。要想解决这些问题，我们需要更强大的计算工具，这个全新的工具就是量子计算机（quantum computer）以及相应的量子算法。

本节中我们将踏入奇异而神秘的量子世界，了解量子计算如何以"降维打击"的方式解决许多复杂的算法问题，并展望量子计算的未来。

量子计算基础：一只薛定谔的猫

你或许知道，量子力学是研究微观粒子（如质子与电子）的物理理论。这当然没错，但并不是量子力学的全貌。更准确地说，量子力学是一种认识世界的全新角度，可以描述世间万物的运行规律。从电灯为何会发光到水为何会结冰，从超导体到黑洞，都可以用量子力学的原理进行研究。著名物理学家史蒂芬·霍金（Stephen Hawking）最重要的研究成果之一，就是用量子力学的原理推导出黑洞产生的热辐射，即"霍金辐射"。

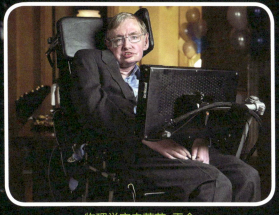

物理学家史蒂芬·霍金

为帮助人们更好地理解量子力学的奇异之处，科学家薛定谔提出了一个有趣的思想实验，这就是著名的"薛定谔的猫"。想象你有一个盒子，盒子里有一只猫、一瓶毒药、一个放射性原子和一个探测器。放射性原子有 50% 的可能性会在一个小时内发生衰变，也可能不会。如果原子发生了衰变，探测器就会检测到从衰变原子核内发射出的粒子，并打破毒药瓶，猫就会被毒死。如果原子没有衰变，猫就会安然无恙。

量子力学最令人惊讶之处在于，在打开盒子观察前，盒子里的猫处于一种"量子叠加态"——它"既是活的又是死的"。只有当我们打开盒子观察时，猫的状态才会从量子叠加态坍缩成一个明确的状态，它要么是活的，要么是死的，这两种情况的概率都是 50%。

那么，量子力学和计算机又有什么关系呢？传统电子计算机的最小计算单位是比特（bit），每个比特的状态只能是 0 或 1。与之相对，量子计算机里使用的则是"量子比特"（quantum bit），也就是"量子位"（qubit）。这些量子位可以同时是 0 和 1，这使得量子计算机在处理某些复杂问题时，比现在的计算机要快得多。量子计算机可能会彻底改变我们的世界。比如，它们可以更快地解决数学难题，优化物流运输路线，帮助我们设计新的药物和材料，甚至可能破解现在的密码系统。

黑洞模拟图

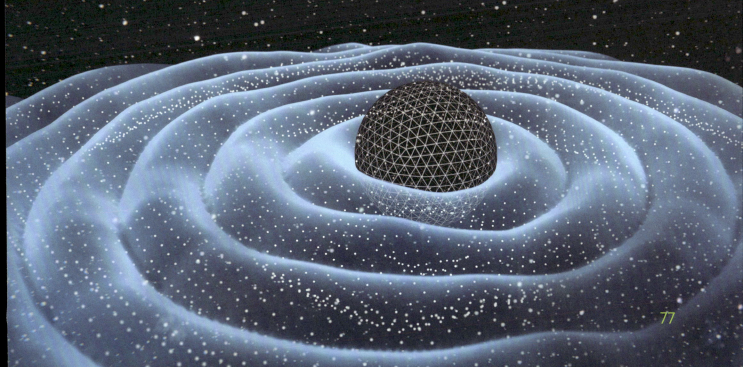

量子密码破译：很多只薛定谔的猫

从电子支付到上网冲浪，加密算法无时无刻不在保护我们的隐私免遭黑客侵害。有趣的是，许多现代密码系统（如 RSA 加密）的安全性保障，归根结底来源于一个简单的数学现象：对于一个极大的正整数（通常用 2048 位二进制数表示），我们很难通过常规算法对其进行质因数分解。简单来说，假如密码的"谜面"是这个巨大的正整数，那它的"谜底"就是这个数的质因数分解结果。一旦黑客破解了这个"谜底"，就能掌握密码，我们的身份信息、银行账户等被加密信息也会随之失去安全保障。

在成熟的量子计算机出现前，黑客若想通过电子计算机盗取加密的身份信息，需对一个 2048 位的二进制数字进行质因数分解，这一过程至少要耗费数千年。之所以需要这么久，是因为质因数分解算法本质上仍属于枚举法——要逐一验证从 2 到该数平方根之间的每个质数，判断其是否能整除这个数。这样的过程难度极大，因此密码学家认为，现实中的电子计算机无法在短时间内完成这项任务。值得一提的是，目前量子计算机在质因数分解能力上甚至还不及电子计算机，所以我们现在使用的密码系统仍然安全可靠。

量子计算的出现将完全改变这一切。实现量子计算的关键，在于使用很多只"薛定谔的猫"。

我们知道一只薛定谔的猫可以处于"既存活又死亡"的量子叠加态。为便于描述，我们把猫存活的状态称作"状态 1"，把猫死亡的状态称为"状态 0"，并分别用符号 $|1\rangle$ 与 $|0\rangle$ 表示。现在，我们可以把猫所处的量子叠加态简单地写成这两个状态相加的结果：

$$|1\rangle + |0\rangle$$

假设我们有两个同样的盒子，每个盒子中分别装着一只薛定谔的猫。这两个盒子所构成的系统将处于怎样的量子态呢？答案是由四种情况构成的量子叠加态，它们分别是：

（1）两个盒子里的猫均存活；

（2）第一个盒子里的猫存活，第二只死亡；

（3）第一个盒子里的猫死亡，第二只存活；

你能分解多大的质因数？

在数学课堂上我们学过，质数是一个只能被自己和 1 整除的正整数，而合数则可以被自己与 1 以外的其他质数整除，这些数被称为质因数。举个简单的例子，2 与 3 都是质数，因为它们只能被 1 与自己整除。4 与 6 则都是合数，因为它们可以被其他质数整除，而它们的质因数分解分别为 $4 = 2 \times 2$，$6 = 2 \times 3$。

请计算这些数的质因数：9、12、100、1001、54321、123456789

目前，量子计算机能够分解的最大数为 1099551473989。你能找到它的质因数吗？

（4）两个盒子里的猫均死亡。

利用上面的数学符号，我们可以将这个四重叠加态写成两只猫各自叠加态的乘积：

$(|1\rangle+|0\rangle)\times(|1\rangle+|0\rangle)=|1\rangle|1\rangle+|1\rangle|0\rangle+|0\rangle|1\rangle+|0\rangle|0\rangle$

其中$|1\rangle|1\rangle$表示两个盒子里的猫均存活，$|1\rangle|0\rangle$表示第一个盒子里的猫存活，第二只死亡，以此类推。如果我们有 10 只薛定谔的猫，可以构成怎样的叠加态？答案是 2^{10} = 1024 种情况构成的量子叠加态。如果有 100 只猫呢？答案则是惊人的，这个数字大于 10 的 30 次方，相当于构成 1000 个普通人的原子的数量。最神奇的是，这些巨量的量子叠加态是同时存在的，正如一只薛定谔的猫处于"既生又死"的双重叠加态。

现在我们距离实现量子密码破译只剩最关键的一步！让我们暂时忘记盒子里的猫，转而将量子态$|1\rangle|1\rangle$理解为"正确密码是 11 吗？"这样一个问题。当我们将$|1\rangle|1\rangle$输入量子计算机时，计算机内部的量子算法通过判断，将回答"Yes"或"No"。如果密码是 11，量子计算机将回答"Yes"，反之则回答"No"。

有趣的是，当我们将四重叠加态$|1\rangle|1\rangle+|1\rangle|0\rangle+|0\rangle|1\rangle+|0\rangle|0\rangle$输入量子计算机时，量子计算机将同时判断叠加态之中的每一个状态是否对应正确的密码，并且最后同样输出一个叠加态作为结果。如果正确密码是 10，量子计算机的输出的结果是$|No\rangle+|Yes\rangle+|No\rangle+|No\rangle$，表示第二个状态$|1\rangle|0\rangle$对应正确的密码。

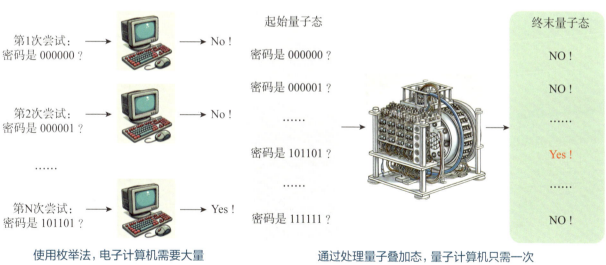

使用枚举法，电子计算机需要大量尝试才能破译密码

通过处理量子叠加态，量子计算机只需一次尝试就能破译密码

通过上面的介绍，我们了解到量子计算最重要的特征与优点，就是通过量子叠加态同时处理海量信息，并快速找到其中的正确结果。想象一下，当传统算法忙于大海捞针般逐个搜索正确答案时，量子计算机却能同时搜索大海中的每一滴水，并快速找到针的位置，可谓实现了真正意义上的"降维打击"。

无处不在的算法

让我们回到密码破译问题。1984年，数学家彼得·肖尔提出了划时代的肖尔算法，从理论上使用量子计算解决了密码学核心的"分解质因数"难题。除了使用量子叠加态，该算法的核心是创新的"量子傅里叶变换"，它可以帮助量子计算机快速找到一个函数的周期，就像在复杂的乐曲中找出重复的节奏一样。找到函数周期后，肖尔算法利用量子干涉原理"增强"正确的答案，同时"排除"错误的答案，就像在一个人声嘈杂的房间里找到某个人的声音，并帮助量子计算机将注意力集中在这个人的声音上，最终得到答案。

虽然肖尔算法在理论上正确可行，但当前的量子计算机仍然不够强大稳定，无法破解现实应用中的复杂密码，因此我们的身份信息与银行存款仍然是安全的。然而，随着量子计算技术的迅速发展，肖尔算法在未来的某一天可能会真正实现。届时这将是一把双刃剑：既标志着量子计算技术的重大突破，也意味着我们使用的加密算法彻底失效，我们必须创造新的量子算法，以抵御使用量子计算机的黑客攻击。

"量力"而行：中国建设量子通信强国之路

近年来，我国科学家在量子通信领域取得了一系列重大突破，使我国在量子通信技术的研究和应用走在世界前列。

2016 年，我国发射了世界上首颗量子科学实验卫星"墨子号"。这颗卫星由中国科学技术大学潘建伟教授团队主导研制，是量子通信领域的一个里程碑。"墨子号"的主要目标是实现长距离的量子密钥分发，并测试量子纠缠在空间中的稳定性。"墨子号"成功实现了地面站之间超过 1200 公里的量子纠缠分发和量子密钥分发，这是在地球表面上无法实现的距离。这一成果展示了量子通信在太空中的巨大潜力。"墨子号"成功地在太空中实现了量子纠缠的传输和分发，打破了量子纠缠的距离纪录。此外，它还实现了基于纠缠的量子隐形传态，为未来建设大范围的量子网络奠定了基础。

2017 年 6 月，顶尖科学期刊《科学》封面报道"墨子号"取得的科学成果

2017 年，我国建成了世界上首条量子通信干线——全长超过 2000 公里的"京沪干线"。这条连接北京和上海的干线穿越多个省市，是目前世界上最长的量子通信网络。京沪干线的建设克服了量子信号远距离传输、量子中继站构建等诸多技术难题，采用了多种抗干扰与抗窃听技术。目前，京沪干线已在金融、政务等多个领域试点应用，通过量子密钥分发确保信息安全传输，展现了量子通信技术广阔的应用前景。

微软公司制造的量子计算机

量子计算是一个迷人又深奥的领域。研究量子算法既需要运用量子物理的深刻原理，又需要巧妙的算法设计。想要真正了解量子计算，我们需要更多的数学与物理知识。由于内容与篇幅的限制，我们无法深入探讨量子算法中的数学原理（如肖尔算法如何找到函数周期）。对这些内容感兴趣的读者，推荐阅读克里斯·伯恩哈特（Chris Bernhardt）著，邱道文等译，《人人可懂的量子计算》（2020年），作者克里斯·伯恩哈特（Chris Bernhardt）是一位数学家，以清晰的语言和公式构建了量子计算的数学基础。相信在读完这本书后，你也能设计出属于自己的量子算法。

量子计算离我们还有多远

目前世界各地的研究机构和科技公司都在积极研发量子计算机，如谷歌、IBM、微软、英特尔以及 D-Wave、Rigetti 等初创公司。2019 年，谷歌公司宣布实现了所谓的"量子优越性"，这意味着谷歌的量子计算机能够在特定任务上超越传统计算机。虽然这项成就证明了量子计算机在某些特定任务上具有潜力，但仍无法表明它已经可以在广泛的应用领域中替代传统计算机。

制造实用的量子计算机仍面临诸多技术挑战。首先是量子纠错。量子比特（即薛定谔的猫）非常容易受到外部环境的干扰而导致计算结果出现错误。科学家正在研究新的量子纠错技术，但这往往需要使用更多的量子比特来实现稳定、可靠的计算。其次是量子比特的数量和质量。现有量子计算机内部只有几十到几百个量子比特，而要解决更复杂的算法问题，需要成千上万个量子比特。而且，这些量子比特必须能长时间保持其量子态的稳定。最后，目前稳定的量子计算机需要在极低的温度下运行，因而其硬件必须由特殊材料构成，如何保持这些量子系统的稳定性也是一个巨大的挑战。

尽管距离我们有一台量子笔记本电脑还很遥远，但一些初步的实际应用已经出现。例如，量子计算在化学模拟、材料科学、优化问题、金融建模等领域展示出不俗的潜力。未来 10 年内，量子计算可能会在这些领域实现"狭义优势"，即在特定的任务上超越传统计算机。随着科学家们不断克服技术障碍，我们有望在未来 20 到 30 年内看到量子计算更广泛的应用。不过，要让量子计算真正走进大众生活，成为像电子计算机一样普及的工具，可能还需要更长的时间。

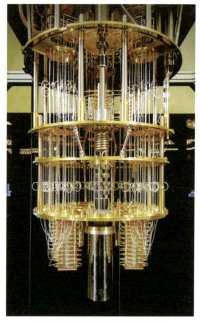

谷歌公司制造的量子计算机

4

拥抱算法的世界

算法是把双刃剑

你将了解：

算法的积极影响

算法的潜在风险

算法与环境问题

人工智能领域著名学者、
斯坦福大学教授吴恩达

在前几章中，我们学习了各种有趣而巧妙的算法及其背后的数学原理与发展历史。这些算法无时无刻不在影响着我们的日常生活，成为现代社会高效运转的重要基石。正如人工智能领域著名学者、斯坦福大学教授吴恩达（Andrew Ng）所言，"算法是21世纪的电力"。它既能极大地提升人类的生产力与生活水平，也可能导致一系列全新的社会、伦理与环境问题，亟须得到社会的重视与妥善解决。

本节我们将深入了解算法这把双刃剑是如何积极影响我们的生活，同时又带来哪些全新的挑战。值得注意的是，算法的积极影响与随之而来的负面问题通常成对出现，这就要求我们在享受算法的便利的同时，也必须对算法的使用方式进行严格约束。

算法的积极影响与负面问题

积极影响	负面问题
精准诊断疾病，预测金融风险	对于社会弱势群体的预测结果较差
快速生成高质量的文字与图片	伪造新闻报道、图片与视频
为网络平台的用户打造个性化体验	长久使用社交平台导致"信息茧房"
优化物流配送效率，降低商品价格	对物流、外卖人员造成剥削
便捷的电子支付	新型金融诈骗

算法的积极作用

精准的医疗诊断

在现代医疗体系中，算法正扮演着越来越重要的角色。通过对大量医疗数据进行分析，算法可以帮助医生更准确地诊断疾病。在某些特定领域（如肺癌与皮肤癌检测），算法的准确率已接近甚至超越医学专家水平。近年来，多个基于人工智能的医疗影像学工具获得美国食品药品监督管理局批准，用于肺结节检测、脑卒中检测和糖尿病性视网膜病变筛查等。

算法在医疗领域最重要的应用是医疗影像分析，包括 X 射线、CT、核磁共振与超声波等。其中，基于卷积神经网络的计算机视觉算法能自动识别影像中的异常，如肿瘤、结节、骨折等，帮助放射科医生更快、更准确地发现病因并进行诊断。在乳腺癌筛查中，算法通过分析乳房 X 线照片，能够检测微小的钙化斑点或异常结构，极大地提高了早期诊断率，减少了误诊和漏诊情况。算法同样能精确区分影像中的正常器官与病灶区域，并对病灶区域进行三维重建。在复杂的心脏病、肿瘤和骨科手术中，外科医生可以利用其生成的三维模型进行精确的手术操作。

无处不在的算法

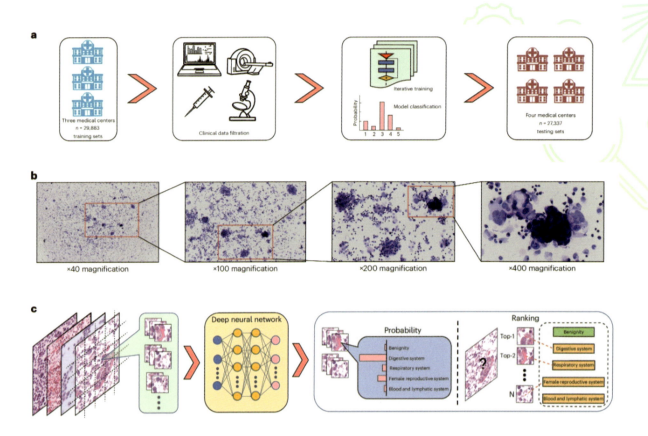

2023 年著名学术期刊《自然·医学》发表论文：使用人工智能精准筛选癌症高风险人群

预防疾病的利器

算法还能帮助医生和患者预防疾病。通过分析患者的生活习惯、饮食习惯、家族病史等数据，算法可以预测患者未来可能患上的疾病，从而提出预防措施。例如，华为公司生产的智能手表配备了心电图功能，通过算法可以实时监测佩戴者的心率和心脏活动。一旦检测到异常情况，设备会立即发出警报，提示佩戴者及时就医。这种实时监测技术已帮助许多用户提前发现心脏问题，及时采取治疗措施，避免了严重后果。

此外，由谷歌健康团队研发的 ARDA 算法，通过分析眼底图像，可以早期发现糖尿病性视网膜病变等眼科疾病，不仅提高了疾病的早期诊断率，还为医生提供了更多治疗选择。

高效的物流配送

你有没有想过，当你在网上下单购买商品时，从千里之外的仓库送货到家，中间的配送过程是如何高效完成的？这一切都离不开优化算法的支持。亚马逊公司通过优化算法，对大量用户的订单进行智能分配，将不同订单组合在一起，选择最优路线进行配送，从而大大缩短了配送时间并降低了配送成本。亚马逊提供的另一项无人机送货服务（Prime Air），通过算法无人机自动规划最优飞行路线，避开障碍物，并根据天气情况调整飞行高度和速度，不仅提高了配送效率，还降低了人力成本。无人机可以在 30 分钟内将包裹送到客户手中，大大提升了客户的购物体验。

　　作为阿里巴巴集团旗下的智能物流平台，菜鸟网络通过算法实现了对物流网络的智能化管理。菜鸟网络通过对物流数据的实时监控和分析，可以动态调整配送路线，优化仓库布局，提高物流效率。例如，在"双十一"购物节期间，菜鸟网络通过算法预测订单量，提前安排仓储和配送资源，确保大量订单能够在短时间内高效送达。

　　美国快递公司 UPS 通过 ORION 算法优化配送路线，减少了燃油消耗和二氧化碳排放。ORION 算法可以根据实时交通状况、订单优先级等因素，动态调整配送路线。自从采用 ORION 算法以来，UPS 每年节省了数百万加仑燃油，并由此减少了数万吨二氧化碳排放。

便捷的电子支付

　　过去人们购物时通常使用现金或银行卡，这种方式不仅麻烦，还存在安全隐患（如现金被盗、银行卡被盗刷等）。如今，随着算法的发展，电子支付变得越来越便捷。无论是扫码支付、刷脸支付还是线上支付，算法都在其中发挥着重要作用。通过对支付数据进行加密处理，算法可以保证支付过程安全可靠，让消费者能够安心使用。

　　在我们熟悉的支付宝平台，用户支付时需要通过指纹识别或面部识别进行身份验证。这种多重验证方式大大提高了支付的安全性，降低了账户被盗用的风险。为符合中国国家信息安全要求，支付宝还引入了加密算法、数据签名以及国家密码管理局发布的国密算法（如王小云院士团队研发的 SM3）来增强交易的安全性。此外，支付宝还引入了风险控制算法，可以实时监控支付

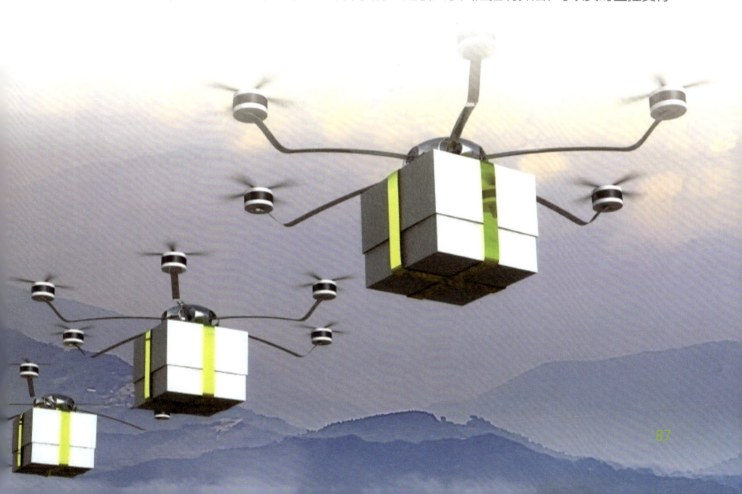

无处不在的算法

行为，识别并拦截可疑交易，保护用户的资金安全。

 想一想

以上我们了解了算法在医疗、物流、电子支付等领域的积极影响。其实算法的用武之地远不止于此。在下列领域中，你能想到算法有哪些重要应用？未来又将如何推动这些领域的发展？

教育

建筑

交通

法律

艺术创作

算法的潜在风险

数据偏差与算法歧视

基于大数据的算法在处理和分析数据时，高度依赖所使用数据的质量，而数据质量可能存在偏差（bias）。例如，通过微信小程序开展的问卷调查往往会得到更多年轻人的反馈，因为许多老年人不会频繁使用微信小程序。如果问卷调查的目的是统计社会人员的平均收入，那么老年人的平均收入就无法准确地体现在调查结果中。类似地，如果数据本身存在较大偏差，那么算法的结果也会相应地受到影响，导致不公平的决策与资源分配。

一个典型例子是 2014 年亚马逊公司研发的招聘算法。该算法被用于自动筛选应聘者简历，但在实际应用中表现出严重的性别歧视倾向。由于算法使用了亚马逊公司过去十年内的招聘数据进行训练，而这些数据里男性求职者占绝大多数，因此算法倾向于推荐男性候选人接受面试，从而排除了同样优秀的女性求职者。最终，亚马逊不得不弃用这套系统，重新审视算法设计和数据来源。

为了减少数据偏差和歧视，算法设计者需要在数据收集和处理过程中采取一系列措施。首先，确保数据集的多样性和代表性，避免因数据不平衡导致的偏差。其次，在算法设计和训练过程中引入公平性条件，确保对各群体的公平对待。最后，通过透明的算法评估和监控，及时发现并纠正潜在的偏见问题。例如，谷歌公司设立了专门的伦理委员会，对其算法进行审查和评估，以确保算法的公平性和透明性。

在 2024 年上映的电影《逆行人生》中，主人公高志垒原本是互联网公司的算法工程师，人到中年遭遇公司裁员。讽刺的是，决定裁员人员名单的"人力资源优化算法"正是由他设计的。该算法针对性地选择年龄 40 岁以上的员工进入裁员名单，具有严重的年龄歧视，而公司负责人给出的裁员理由竟然是"尊重算法的决定"，既理性又荒诞。

从"个性化内容推荐"到"信息茧房"

个性化内容推荐是算法的拿手好戏。通过分析海量的用户数据，预测用户感兴趣的内容和产品，算法可以为用户推荐个性化内容。如果这些内容中包含广告投放，则能为网络平台带来可观的经济收益。然而，这种技术也有其潜在的风险，可能导致"信息茧房"的形成。"信息茧房"最早由哈佛大学法学院教授凯斯·桑斯坦（Cass Sunstein）在其 2006 年出版的著作《信息乌托邦——众人如何生产知识》中提出，指用户在算法推荐的内容中不断循环，只接触到与自己观点相似的信息，从而忽略了其他不同的声音和观点。这种现象不仅会限制用户的信息来源，更有可能加剧社会的分裂和对立。

"信息茧房"理论的提出者、哈佛大学法学院教授凯斯·桑斯坦

例如，社交媒体平台（如微博、小红书）与流媒体平台（如抖音、快手）通过算法分析用户的兴趣和行为，为他们推荐个性化内容。然而，这些推荐算法往往会优先展示用户已经表现出兴趣的内容，从而忽略其他不同观点的信息。久而久之，用户在社交媒体上只能看到与自己观点近似的内容，逐渐形成信息茧房。这种现象在社会问题讨论中尤为明显，导致不同立场的用户之间缺乏交流和理解，进而加剧了社会群体间的误解甚至对立。例如，在 2016 年美国总统选举中，支持不同候选人的用户因在脸书、推特等社交媒体

无处不在的算法

上看到的内容完全不同，进而对支持其他候选人的选民产生敌意，加深了美国社会的分裂。

"信息茧房"的危害体现在三个层面：其一，"信息茧房"限制了用户的视野，使他们难以接触到不同的观点和信息，导致认知偏见加剧；其二，"信息茧房"可能加剧社会对立和分裂，不同群体之间缺乏交流和理解，导致社会冲突增加；其三，"信息茧房"还可能被恶意利用，进行虚假信息的传播和操纵，影响社会稳定和国家安全。

为了打破"信息茧房"，算法设计者和平台运营者采取了一系列措施。首先，增加内容推荐的多样性，确保用户能够接触到不同的观点和信息。其次，通过算法透明化，让用户了解推荐内容的依据，增强用户对算法的理解和信任。最后，通过教育和引导，提高用户的信息素养，帮助他们识别和抵制"信息茧房"。例如，推特在 2019 年推出新功能，向用户展示他们不关注的人的推文，旨在打破"信息茧房"，拓宽用户视野。

利用人工智能造假

各种人工智能算法在带来便利和创新的同时，也被不法分子利用，进行各种形式的造假活动，包括深度伪造（deep fake）、虚假新闻生成、自动化虚假评论等。这些对算法的恶意应用不仅影响了社会的信任和安全，还对个人隐私和名誉构成了严重威胁。

深度伪造技术是一种利用人工智能生成虚假视频的技术。通过深度学习算法，可以将一个人的面部表情和动作逼真地合成到另一个人的视频中。这种技术虽然在娱乐和影视制作中有其正当用途，但也被不法分子利用，进行恶意造假活动。2018 年，网上出现了一段深度伪造的视频，视频中某知名政治人物发表了一些极具争议的言论，引起了广泛关注和讨论。然而，这段视频实际上是通过深度伪造技术合成的。这样的虚假视频不仅误导了公众，还对当事人的名誉造成了严重损害。

利用人工智能生成虚假新闻也是一种常见的造假手段。通过自然语言处理技术可以自动生成逼真的虚假新闻报道，混淆视听，误导公众。2019 年美国总统选举期间，有不法分子将利用人工智能生成的大量虚假新闻散布在社交媒体上，试图影响选民的投票决策。新冠疫情期间，同样产生了大量关于疫情的虚假新闻。虽然这些虚假新闻最终被识破，但它们在传播初期对公众舆论产生了不小的影响，威胁着社会的稳定与秩序。

在电子商务平台和社交媒体上，虚假评论也是一种常见的造假手段。不法分子利用人工智能，自动生成大量虚假的好评或差评，试图影响商品的销量和用户的评价。这种行为不仅损害了消费者的利益，还对平台的信誉造成了不良影响。尽管平台采取了一些措施来打击虚假评论，但随着算法技术的不断进步，识别和拦截虚假评论变得越来越困难。

为了应对使用人工智能算法造假的挑战，政府与企业需要共同努力。首先，政府应加强对人工智能技术的监管，制定相关法律法规，打击利用人工智能造假的行为。其次，企业应加强技术研发，提升识别和防范人工智能造假的能力，包括利用更准确高效的人工智能技术来检测和识别深度伪造视频和虚假新闻。例如：脸书与推特等社交媒体平台通过与第三方事实核查机构合作来识别和标记虚假信息；谷歌公司则开发了用于检测深度伪造视频的工具，帮助用户识别虚假的视频内容。

使用深度伪造技术生成的虚假人物肖像

人工智能在医疗领域的发展瓶颈

近年来，人工智能技术在许多领域都取得了突破性进展，但在医疗健康领域却迟迟未能出现一个像 ChatGPT 或阿尔法狗这样准确高效、应用广泛的通用人工智能。这一现象折射出人工智能算法在落地应用时遇到的共同困境。

数据偏差和隐私问题：医疗数据的质量参差不齐，往往存在缺失、不一致以及错误等问题。此外，患者数据的隐私受到严格的法律保护，这使得收集和使用大规模数据集进行人工智能模型训练变得相当困难。

模型的透明度和可解释性：基于深度学习的人工智能模型，其预测的诊断结果与治疗建议通常像"黑盒子"一样难以解释。在医疗领域，医生和患者需要知道人工智能是如何得出某个诊断或治疗建议的，缺乏透明度和可解释性可能导致信任问题和应用障碍。

临床验证和监管要求：任何医疗技术的应用都需要经过严格的临床试验和监管审批，以确保其安全性和有效性。人工智能技术往往需要大量时间和资源进行验证，以符合不同国家和地区的医疗监管规定，这大大延缓了其应用进程。

伦理问题和法律挑战：人工智能的医疗应用会引发一系列伦理和法律问题，如错误诊断与治疗的责任归属问题，以及人工智能模型在不同种族和性别间的偏见问题。

算法与环境问题

　　说起全球变暖的罪魁祸首，我们可能会先想到煤炭燃烧、汽车尾气、工业污染等。其实，训练人工智能大模型同样会排放大量温室气体，对环境造成不容忽视的影响。这究竟是为什么呢？

　　首先，训练人工智能模型需要海量的大数据，这些大数据存储在成千上万台计算机中，每次读取这些数据都需要消耗大量电力。根据国际能源署测算，2020 年全球数据中心以及数据网络所排放的温室气体占总排放量的 1%。其次，训练 ChatGPT 这样的大模型需要同时使用成百上千台电子计算机以及 GPU，预计排放约 284 吨温室气体，相当于 5 辆汽车在使用寿命期间的排放量。最后，每次使用人工智能模型都会消耗大量能源，并产生相应的温室气体。据测算，运行 ChatGPT 每日耗电超过 50 万千瓦时，相当于普通家庭每日用电量的 1.7 万倍。随着大模型应用普及，使用成本降低，模型参数增加，这一环境问题将日益严峻。

　　近年来，训练与使用人工智能所导致的环境问题愈发受到关注，很多人工智能领域的学术会议要求研究者公布训练模型的碳足迹（carbon footprint）。在享受人工智能与其他算法带来的经济效益与生活便利的同时，我们必须正视算法导致的环境影响，积极研发更高效、更环保的人工智能模型与训练模式。

大数据中心内部的计算机集群需要大量的电力

与算法共舞

你将了解：

如何利用算法改善生活

如何创造"负责任"的算法

如何培养算法思维

如何利用算法改善生活

通过以上学习，我们了解到算法往往被用来解决某个具体问题，因而我们在设计算法时通常会追求单一目标的优化。例如，外卖平台使用的外卖配送算法，其目的在于提高外卖配送效率，缩短配送时间，最大限度地节约成本。然而，算法所追求的目标（如降低配送成本）往往不能代表社会所有群体的利益，甚至会损害部分群体的利益（如对外卖员的剥削），因而产生了算法目标与社会利益之间的矛盾。

近年来，以 ChatGPT 为代表的大语言模型的发展也遇到了同样的问题。这些人工智能模型虽然能够准确高效地帮助我们解决许多问题，但有时也会提供错误的信息，甚至是违反科学、法律或伦理道德的建议。例如，当用户询问减肥的最佳方法，模型或许会回答："你可以尝试一周不吃饭只喝水，这样可以快速减掉几公斤。"虽然模型将"节食"与"减肥"正确地联系到一起，但它提供的建议违反科学，并且对用户健康产生了严重危害。

为了对齐算法的优化目标与社会整体利益，研究者正不断探索行之有效的方法。

（1）使用人类反馈训练算法：这种方法通过结合人类的反馈来训练算法系统，使其学会做出更符合人类意图的决策。人们会针对算法的决策提供反馈，而算法则通过人们的反馈进行调整，逐步学会哪些行为是人类所期望的。

（2）加强算法的可解释性：让算法的决策过程变得更加透明、易于理解。通过了解算法究竟是如何做出决策的，用户与监管者将更容易识别和纠正可能出现的偏差或误解。

（3）价值学习：旨在让算法理解并接受人类价值观和目标。通过学习人们在各种情况下符合法律与道德预期的行为，算法可以更好地预测并遵循人类的期望做出决策。

机器人三大法则

早在 1942 年，美国科幻作家阿西莫夫就在"机器人系列"中构建了一个人类与智能机器人共同合作探索宇宙的未来世界，并提出了著名的"机器人三大法则"：

第一，机器人不得伤害人类，或坐视人类受到伤害；

第二，机器人必须服从人类命令，除非命令与第一法则发生冲突；

第三，在不违背第一或第二法则之下，机器人可以保护自己。

以这三大法则为逻辑基础，阿西莫夫创作了未来世界里人类与机器人之间发生的各种有趣的故事，并深入探索

艾萨克·阿西莫夫（1920—1992）

三大法则可能导致的后果，以及机器人是否能真正造福人类。在 80 余年后的今天，阿西莫夫设想的机器人世界正逐渐成为现实。与有形的机器人不同，如今我们使用的由海量数据驱动的无形算法为我们的生活带来了极大的便利。

 想一想

在人工智能与算法飞速发展的今天，你是否能设计一套约束所有算法的共同法则，使得算法成为真正造福人类的工具，而非加深社会问题的诱因？

近年来，我国陆续颁布了一系列政策和法规，旨在规范算法使用，保障数据安全和用户隐私，并防范算法歧视、剥削和滥用等行为。2021 年，中国国家互联网信息办公室颁布《互联网信息服务算法推荐管理规定》，规范网络平台使用推荐算法向用户提供信息内容。《规定》要求网络平台

不得滥用算法推荐服务影响网络舆论，要求平台为用户提供关闭算法推荐服务的选项，并公开算法推荐机制背后的基本原理和意图，保障用户的知情权。

与此同时，美国与欧盟也相继推出相关法案，要求企业向用户公开其算法的原理、安全性和稳定性，并最大限度地确保算法对少数族裔与弱势群体的公平性。由于算法技术日新月异，不断刷新我们的认知，建立有效的算法监管机制依然任重道远。

如何创造"负责任"的算法

2020年，《人物》周刊刊登了一篇题为《外卖骑手，困在系统里》的深度报道，引发社会各界热议。文章通过对我国主要网络餐饮平台骑手的走访调查，发现网络平台的算法正在对骑手不断提出更严苛的送餐时间要求，并指出"2019年，中国全行业外卖订单单均配送时长比3年前减少了10分钟"。外卖骑手为了满足不断升级的配送需求，时常会不顾生命危险，违反交通规则，导致交通事故频发，对自己以及他人的生命安全造成了严重威胁。2024年上映的电影《逆行人生》以描绘人物群像的方式，生动地展现了外卖骑手在算法驱动下的生存困境与破局之路。

是什么原因导致外卖骑手的送餐时间一而再再而三地被压缩？恰恰是网络平台使用的智能深度学习算法。在算法工程师的设计中，算法会不断根据最新收集到的大数据进行自我优化。假设某外卖平台的算法每周升级一次，这意味着算法将在上周外卖骑手的送餐时间的基础上重新进行优化，而优化的目标正是进一步缩短送餐时间，从而减少平台的运营成本，提高消费者对快速送餐服务的满意度。

拥有一套高效的优化算法是所有送餐与物流平台的核心竞争力，既增加了餐厅的营业额，又让消费者足不出户就能快速收到外卖，并在一定程度上增加了外卖骑手的就业机会与收入。然而，不断优化的算法也对快递员的送餐时间和效率提出了更严苛的要求。

 想一想

如果你属于以下群体，你会提议如何改进目前的外卖配送算法？你的方案是否能兼顾所有群体的利益与诉求？

1. 外卖送餐员
2. 普通消费者
3. 餐厅经营者
4. 算法设计师
5. 市场监管者

无处不在的算法

假如由你负责外卖平台的监管，你将如何确保《指导意见》中关于"算法取中"的规定得到彻底落实，并有效改善外卖骑手的考核标准与工作条件？你能否设计一种有效的算法来确保外卖骑手的送餐时间与工作安全得到保障？

我们应如何在保障外卖员劳动权益的前提下，尽可能优化外卖的配送效率与时间分配？

目前行之有效的方法之一是"算法取中"。在改进优化算法时，不以目前算法所能达到的最优结果作为对骑手的要求，而是使用算法的平均结果。具体来说，假如算法最优解要求骑手10分钟完成送餐（甚至不惜违反交通规则），而算法的普通解则是15分钟，根据"算法取中"原则，平台对送餐时间的标准应当定为15分钟。这样既完成了算法的优化，又保证更新后的算法不会对劳动者提出严苛的要求。2021年7月，中国国家市场监督管理总局等七部门联合发布《关于落实网络餐饮平台责任、切实维护外卖送餐员权益的指导意见》，要求网络餐饮平台"不得将最严算法作为考核要求，通过算法取中等方式，合理确定订单数量、准时率、在线率等考核要素，适当放宽配送时限"。

"算法取中"原则不仅对网络平台的算法设计与使用提出了更严格的约束，同时也要求政府相关部门加强对平台算法的监管。由于优化算法是各平台的核心竞争力，很难要求平台公开算法的所有细节。即使平台公开了算法原理，监管机构也很难判断其是否符合"算法取中"的要求。"解铃还须系铃人"，由于外卖骑手面临的时间困境是由大数据与算法导致的，我们同样需要使用大数据与算法才能对其进行有效监管。

如何培养算法思维

现如今，算法已融入我们生活与工作的方方面面。随着大数据与人工智能的飞速发展，人们正逐渐减少对个人生活经验的依赖，转而更多地根据算法的建议来安排生活。以日常出行为例，我们不再需要记忆城市里大街小巷的位置，只需打开智能导航软件，就能在算法的指引下轻松前往任何目的地。或许在不久的未来，熟练掌握算法思维，就像掌握英语与计算机技能一样，成为一项不可或缺的核心能力。

在我们的日常学习与生活中，应该如何培养算法思维呢？

答案或许就藏在一部与算法有关的电影里。

在 2024 年上映的电影《逆行人生》中，主人公高志垒原本是互联网公司的算法工程师，经历公司裁员后求职未果，无奈之下成为一名外卖骑手。一开始，他无法适应外卖骑手高强度的工作节奏以及外卖平台严格的送餐时间要求。但在家人的鼓励与同事的帮助下，高志垒不断积累、总结经验，摸索出穿梭于大街小巷的最佳送餐路线，并将优化路线的算法写成小程序与同事分享，帮助身边人在逆行人生中重拾希望。

想一想

观看电影《逆行人生》，想一想电影主人公如何成功运用他的算法思维，一步步优化外卖骑手的送餐路线与效率。

从电影主人公高志垒的经历中，我们可以总结出培养算法思维的五个关键步骤（见下图）。接下来，让我们想象自己是电影主人公，设身处地地利用算法一步步地解决工作中的难题。

培养算法思维的五个关键步骤

第一步：发现问题

高志垒最初成为外卖骑手时遭遇了形形色色的挑战：不熟悉送餐路线、找不到停车点、无法在规定时间内完成送餐。难能可贵的是，他并没有被眼前的困难击倒，而是运用批判性思维深入分析每个困难的症结所在，并积极寻找解决方法。例如，在多次送餐超时后，他认识到网络平台提供的取餐与送餐顺序通常不是最高效的，应该结合自己的实际经验重新安排取餐与送餐顺序，这样才能进一步提高送餐效率，以满足平台的时间要求。

第二步：获取数据

在大数据时代，如果说数学思维是算法的骨架，那么数据无疑是算法的灵魂。数据的数量与质量往往直接决定算法结果的优劣。

当高志垒发现导致他送餐超时的关键问题后，立即开始夜以继日地亲身实践，从实际经验中

无处不在的算法

积累了大量第一手数据，如每个商场周围的停车点、每家餐厅的备餐时间、每栋居民楼的外卖放置处、通过每个交通路口所需的等待时间等。除了积累、总结自身经验，他也积极向同事与前辈请教，从他们的经验中获取许多有用的信息，不断充实自己的"大数据"。

第三步：优化算法

高志磊获取的"大数据"中包含许多外卖骑手的实践经验，既有许多成功的经验，也不乏失败的教训。问题的关键在于，他应当如何从大量的经验与教训中总结出一套最高效的外卖配送路线呢？

这时候就轮到算法登场了。在本书的第三章中，我们学习了寻找两点之间最短路径的迪杰斯特拉算法以及优化外卖配送路线的算法。在电影中，高志磊使用大量数据对所在区域内的地形结构与路径进行建模，并利用与第三章中类似的算法快速找到最省时的配送路线。通过数据驱动的算法既能总结骑手们的大量过往经验，找出其中的最优路线，也能利用最新的实时交通数据进一步优化路线，快速找出一条效率更高的全新配送路线。

第四步：共享成果

当高志磊通过分析大量数据开发了一套高效的外卖配送算法后，他将算法投入了便捷的手机小程序"路路通"，并分享给配送站的同事。在所有骑手共享算法成果与便利的同时，算法也会不断从使用它的骑手处获取最新的交通与路线信息（如某条主干道是否堵车），并及时调整、优化外卖配送路线。在现实生活中，许多智能导航算法正是通过分析大量使用者的动态位置信息，获取最新的交通状况，并实时调整最佳的导航线路，避免我们经过拥堵的路段（见下图）。

高德地图通过分析大量用户的实时数据，发现拥堵路段，并及时调整导航路线

　　算法的免费共享既能为大量用户提供帮助与便利，也能从用户反馈的数据中获取许多有用的信息，进一步优化算法的结果和效率，真可谓一举两得。

　　有趣的是，在电影的结尾，由于小程序"路路通"大幅提高了外卖员的配送效率，高志磊似乎再次成为外卖平台的算法工程师。如果是这样，他的算法思维不仅解决了外卖员面临的困境，也帮助自己突破了职业发展的瓶颈，引人深思。

第五步：终身学习

　　上面的四个步骤似乎构成了一个闭环：我们使用算法思维发现问题、收集数据、设计算法，通过算法共享积累大量数据，并使用数据不断优化算法的效率，从而解决问题。

　　然而事实并非如此——因为算法知识与技术同样在飞速发展。

　　在大数据、人工智能与芯片技术高速发展的今天，算法技术每几年就会更新换代。从电子计算机时代通过数学巧思设计的算法，到今天用大数据驱动、芯片赋能的人工智能算法，再到未来更高效的量子计算，算法技术正不断突破现有的瓶颈，将一个个看上去遥不可及的目标变成现实。2022 年底，ChatGPT 横空出世，而它所使用的人工智能框架在 2017 年才被提出。短短一年后的 2023 年，GPT-4 已经全面达到高中生的知识水平，而计划 2025 年发布的 GPT-5 预计在某些领域达到博士水平，甚至展现出超越人类的智慧。

　　要想在数据与算法的浪潮中冲浪，我们必须保持开放的心态和终身学习的热情，不断了解最前沿的算法知识以及算法在各领域的应用。只有这样，我们才能保证自己的知识与技能与时俱进，在算法的研究与应用领域做出有意义、有创造性的贡献，真正通过数据的智慧与算法的力量为社会创造价值。

后　记

在撰写本书的过程中，我曾前往夏威夷旅游，攀登欧胡岛著名的钻石头山。

登山之路始于平缓的谷底，树荫斑驳，落叶缤纷。大约半小时后，道路逐渐蜿蜒曲折，坡度变得陡峭，树荫退去，杂草丛生，怪石嶙峋，有些地方仅容一人通过。最后走到一条穿过山体的狭长隧道（曾经的军事要塞入口），微弱的灯光下，伸手不见五指，仿佛与外界完全隔绝。而穿过这条隧道后，眼前豁然开朗，我发现自己已经爬到了山顶，环形的火山口、欧胡岛的海岸线与浩瀚的太平洋尽收眼底。

下山途中，我突然意识到学习算法的过程正如同登山：它并不是一个循序渐进、一步一个脚印的平稳上升过程，而是充满未知的挑战，有时需要穿过黑暗的隧道，有时难免会绕弯路、走错路，经历许多挫折与困顿，最终才能豁然开朗。付出努力固然重要，但一旦下定决心钻研某一领域，最开始可能越努力，遇到的困难越多，直到某个至暗时刻，仿佛突然穿过了那条黑暗的隧道，眼前呈现的将是未曾想象到的美景。油然而生的成就感也会激励着我们攀登下一座山峰。

正如王小云院士所分享的治学经验：（在研究算法时）虽然也经常发现走错了路，但是不必气馁。行不通时，就换个思路，换条路走。如果暂时找不到方向，就暂且把它放下，做点别的事……往往在做别的事时，新的方向就突然出现在眼前了。

让我们带着这个想法，继续攀登算法这座永无止境的险峰。

丛书主编简介

褚君浩，半导体物理专家，中国科学院院士，中国科学院上海技术物理研究所研究员，《红外与毫米波学报》主编。获得国家自然科学奖三次。2014 年被评为"十佳全国优秀科技工作者"，2017 年获首届全国创新争先奖章，2022 年被评为上海市大众科学传播杰出人物，2024 年获"上海市科创教育特别荣誉"。

本书作者简介

徐清扬，美国斯坦福大学物理与应用数学学士，麻省理工学院运筹学博士，资深人工智能算法工程师，目前从事大语言模型与推荐系统相关研究，探索人工智能、深度学习、优化算法的前沿理论，并将基于大数据的人工智能算法应用于物流、医疗、自动驾驶等领域。共计发表 SCI 论文十余篇，并应邀为国际知名学术期刊会议审稿八十余次。科研成果取得广泛转化，于 2021 年被美国脑肿瘤协会 (National Brain Tumor Society) 应用于优化脑肿瘤新药物的临床研发策略中。

图书在版编目（CIP）数据

无处不在的算法 / 徐清扬著. -- 上海 ：上海教育
出版社，2025. 8. --（"科学起跑线"丛书）. -- ISBN
978-7-5720-3626-2

Ⅰ．TP301.6-49

中国国家版本馆CIP数据核字第2025ZU5763号

策 划 人　刘　芳　公雯雯　周琛溢

责任编辑　公雯雯

整体设计　陆　弦

封面设计　周　吉

本书部分图片由图虫·创意提供

"科学起跑线"丛书
无处不在的算法
徐清扬　著

出版发行　上海教育出版社有限公司
官　　网　www.seph.com.cn
地　　址　上海市闵行区号景路159弄C座
邮　　编　201101
印　　刷　上海雅昌艺术印刷有限公司
开　　本　889×1194　1/16　印张 6.75
字　　数　145 千字
版　　次　2025年8月第1版
印　　次　2025年8月第1次印刷
书　　号　ISBN 978-7-5720-3626-2/G·3238
定　　价　65.00 元

如发现质量问题，读者可向本社调换　电话：021-64373213